农村林业知识读本

林业服务手册

国家林业局农村林业改革发展司　编

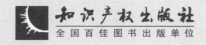

知识产权出版社
全国百佳图书出版单位

图书在版编目（CIP）数据

林业服务手册 / 国家林业局农村林业改革发展司编.—北京：知识产权出版社，2018.5
（农村林业知识读本）

ISBN 978-7-5130-4916-0

Ⅰ.①林… Ⅱ.①国… Ⅲ.①林业—手册 Ⅳ.①S7-62

中国版本图书馆CIP数据核字（2018）第021138号

责任编辑：石陇辉　　　责任校对：潘凤越
封面设计：睿思视界　　　责任出版：刘译文

农村林业知识读本

林业服务手册

国家林业局农村林业改革发展司　编

出版发行	知识产权出版社有限责任公司	网　　址	http://www.ipph.cn	
社　　址	北京市海淀区气象路50号院	邮　　编	100081	
责编电话	010-82000860 转 8175	责编邮箱	shilonghui@cnipr.com	
发行电话	010-82000860 转 8101	发行传真	010-82000893/82003279	
印　　刷	三河市国英印务有限公司	经　　销	各大网上书店、新华书店及相关专业书店	
开　　本	787mm×1092mm　1/16	印　　张	13.25	
版　　次	2018年5月第1版	印　　次	2018年5月第1次印刷	
字　　数	278千字	定　　价	59.00元	

ISBN 978-7-5130-4916-0

中国 13.7 亿人口中，目前还有 6 亿多农民，不懂农民就是不懂中国。我国山区面积占国土面积的 69%，山区人口占全国人口的 56%，在全国 2100 多个县市中，有 1500 多个在山区。全面建成小康社会，重点难点在农民。农民既是重要的农业生产经营者，也是林业生产经营活动的重要主体。林地是农村宝贵的资源，是农民重要的生产资料。我国有 45.6 亿亩林地，其中集体林地 27.37 亿亩，占全国林地总面积的 60%。

据国家林业局测算，我国农村集体林业资源总经济价值达 2 万亿元以上，其中经济林和竹林占 90% 以上，在中国林业发展中占有重要地位。习近平总书记于 2014 年 4 月 4 日在参加首都义务植树时深刻指出，"林业建设是事关经济社会可持续发展的根本性问题"。大力发展林业，加强生态建设，事关经济社会可持续发展，事关全面建设小康社会目标的实现，事关建设生态文明。

2015 年 1 月 28 日，国务院总理李克强在国家林业局工作汇报件上做出重要批示，充分肯定了林业系统积极推进林业改革。李克强总理指出，林业是重要的生态资源，也是不可替代的绿色财富。实行集体林权制度改革，赋权予民，给予农民更广泛的林业生产经营自主权，对于促进集体林区林业经济发展，对于加速林业现代化进程，破解"三农"难题，推进社会主义新农村建设，实现经济社会全面协调可持续发展，具有十分重大的意义。随着我国全面推进和深化集体林权制度改革，至 2016 年我国共发放林权证 1.01 亿本，约 5 亿农民获得了集体林地承包经营权。

如何更好地服务于约 5 亿农民的林业生产经营活动，国家林业局农村林业改革发展司特面向林农组织编写了这套"农村林业知识读本"系列丛书，丛书共包括 5 本实用手册，即《林业政策问答手册》《林农法律维权实用手册》《林业实用技术手册》《林农致富实用手册》和《林业服务手册》。

该系列手册旨在促进农民对林业政策知识的系统了解，提升农民的林业法律意识和维权能力，推动农民掌握和运用系列林业实用技术，提高林农的创新意识、创业能力和致富素养，充分认知和合理运用林业社会化服务平台，最终提升农民林业生产经营水平和经营效率。

本系列丛书作为普及性读物，定位为服务于农民，注重系统性、可读性和实用性，力求语言简洁通俗易懂、内容简单易行。

希望本系列丛书能成为农民朋友们的助手和参谋，切实助力于农民的林业经营水平提高，助益于农民的脱贫致富。

前　言

　　"三农"问题始终是政府工作的重中之重，也是学术研究长盛不衰的热点之一。加快健全农业服务体系是农业现代化的关键步骤之一。林业是我国大农业的重要组成部分，具有经济、生态等多种社会功能。《中共中央、国务院关于全面推进集体林权制度改革的意见》提出要加强林业服务，扶持发展林业专业合作组织，培育一批辐射面广、带动力强的龙头企业，促进林业规模化、标准化、集约化经营。

　　林业服务指的是专业经济技术部门、林业合作经济组织和社会其他方面为林业发展所提供的各种服务。简单而言，林业服务主要是将产前（规划设计、技术培训、提供生产资料）、产中（技术指导、季节培训、现场指导）和产后（产品销售等）各环节统一起来，形成综合生产、经营、销售的服务体系。它是林业发展到一定阶段的必然产物，是一个地区林业经济持续、稳定发展的基本标志。林业服务体系在促进林业发展过程中发挥着重要的作用。

　　本书的主要目的是对目前我国林业服务体系进行系统梳理与总结，并作为操作指南，服务于广大林农的林业生产经营实践，使其在林业生产中尽可能多地去分享林业服务带给自身的便利。本书首先介绍了林业服务的基础知识，包括其概念以及服务平台与机构。从第2章开始，本书分别从苗木供给服务、林地流转服务、融资服务、风险防范服务、森林保险服务、法律咨询服务、森林资产评估服务、森林采伐运输服务、森林经营方案编制服务等几个方面，分门别类地介绍了林业服务体系以及获取服务的途径与方法。相信通过本书的介绍，林农能从中获取到充分的信息，真正地从林业服务中获利。

　　本书具有如下两个特点：一是系统性，本书较为系统地总结了林业服务体系构成；二是实用性，本书所介绍的一些服务流程或案例，对林农的林业服务实践具有实际参考价值。

　　本书在撰写过程中，搜集、查阅并参考了大量前人的相关研究成果，在此向所有前辈和广大同仁致以诚挚的敬意和谢意！

　　同时由于时间仓促，编者能力有限，书中难免有错漏谬误之处，请批评指正！

目　录

第1章 林业服务基础知识

第1章 林业服务基础知识

1.1 林业社会化服务

1.1.1 林业社会化

林业社会化是林业生产经营的一种制度形式，属于林业生产关系的范畴。它是通过制度创新和政策诱导，充分利用市场配置资源，动员社会主体参与，旨在改善生态环境，提供木材和其他林副产品的林业生产经营活动。它是将林业生产经营活动置于国民经济运行的大市场之中，使之成为开放的、社会化的大生产。

1.1.2 林业社会化的意义

林业社会化的兴起，对现代林业的发展具有极其重要的现实意义和深远的历史意义。

首先，它有利于林业生产资源要素的动员和组织。在现代社会经济中，任何产业的发展都离不开资源要素的投入。一般地说，现代产业发展所需要的资源要素是由市场机制配置的。然而，由于现代林业具有极强的社会性，难以完全依靠市场实现其资源要素的配置，这就是传统林业发展的困境所在。林业社会化的出现，为解决这一困境带来了希望。依靠社会力量，广泛动员和组织社会各团体、各阶层、各利益主体参与林业建设，从社会的各个方面来满足林业发展资源要素的需求。

其次，它有利于协调各社会组织的利益。传统林业的生产建设模式，一般只考虑部门利益，在其发展中常会引起林业部门与其他部门的矛盾。林业社会化与此不同，它通过一定的组织形式协调各方的行动，共同建设林业，使林业的发展与社会经济的发展协调一致。林业社会化的这种社会组织协调作用，是具有社会性本质特征的现代林业所必需的，也是整个社会系统可持续运行的重要保障。

再次，它有利于提高林业的投资效率。在传统的林业生产建设投资模式中，中央财政对林业资金的投入，由于投资环节过多、链条过长，一些地方政府和林业管理部门层层克扣、层层截流，造成资金分流十分严重。中央财政拨付资金多，而实际到位资金少，而且资金回报率极低。林业的投资状况迫切要求林业实现社会化发展。林业社会化要求全民参与林业、投资林业、关注林业、监督林业，大幅度减少林业投资的环节和链条。这样一方面能做到投资多少到位多少，从而提高林业建设资金到位率；另一方面，由于是社会民众自觉自愿参与林业建设，因而劳动生产率提高。二者融合到一起，就会极大地提高林业生产要素的投资效率。

上述分析说明，林业社会化是林业生产资源要素配制的有效途径，是协调林业生产各主体利益的有效途径，也是提高林业投资效率的有效方式。同时，世界特别是我国林业社会化发展的实践证明，林业的社会化发展具有旺盛的生命力。可以说，林业社会化是 21 世纪中国林业发展的一条重要出路。

1.1.3 林业社会化服务体系建设的意义

推进林业社会化服务体系建设，增强服务能力、创新服务内容、规范服务管理，满足广大林农对林业技术、信息、金融等多方面、多层次的服务需求，对于调动广大林农发展林业的积极性和主动性具有重要意义。通过提高林业经营组织化程度，实现林业适度规模化、产业化、标准化经营，解决集体林权制度改革后小规模生产与大产业发展之间的矛盾，对于降低林产品生产经营成本、增强抵御市场风险和自然灾害风险的能力、增强市场竞争力具有重要作用。

加强林业社会化服务体系建设，是实现我国由传统林业向现代林业转变的迫切要求，是全面深入推进集体林权制度改革的现实需要，是促进林农持续增收、促进农村和谐的内在要求，也是打造林业强县，建设生产文明示范县的必然要求。

1.1.4 林业社会化服务体系建设的基本原则

1）坚持政府引导的原则。加强政府的指导、支持和服务作用，强化公益性服务，指导林业社会化服务组织建设，提高林业社会化服务体系建设的规范化、制度化水平。

2）坚持市场运作的原则。遵循市场经济规律，发挥市场配置资源的基础性作用，按照市场规则运作，放活经营性服务。

3）坚持尊重农民意愿的原则。充分尊重农民的主体地位，加强对规范林业社会化服务体系的管理，依法保护林农的合法权益不受侵害。

4）坚持分步实施的原则。林业社会化服务体系涉及面广，是一项复杂的系统工程，各乡镇要统筹安排，分步实施，选择典型地区进行不同的林业社会化服务体系试点，通过多种形式进行探索，取得经验后再逐步推开。

1.1.5 加强林业社会化服务体系建设的主要任务

林业社会化服务体系的框架包括公益性服务体系和经营性服务体系。公益性服务体主要由各级政府和相关部门承担服务职能，向林农提供免费或非营利性的服务。经营性服务体系主要由企事业单位等社会力量向林农提供服务，在政策扶持的基础上，保本或薄利经营。

1）积极组建林业专业合作组织。以政府引导规范为保障，以市场运作为导向，以尊重林农意愿为核心，以加强服务为宗旨，以优势林业产业和特色产品为依托，鼓励农民自愿入会，组建林业专业合作社。各级政府及相关部门要积极支持符合条件的专业合作社承担林业工程建设项目和林业科技推广项目，鼓励其创建产品知名品牌，支持开展多渠道融资和森林保险。依法对农民林业专业合作社实行财政和税收优惠政策。积极培育新型的林业专业合作组织，在明晰产权、林农自愿和明确利益的基础上，可以采取家庭联合经营、委托经营、合作制、股份制等形式组建林业经营实体，积极引导林业龙头企业与林农建立新型的合作关系，解决一家一户难以办到的事情，推动林业经营规模化、标准化、集约化，提高经营管理水平。

2）积极组建林业专业协会。鼓励和引导建立以专业化、区域化为主要特征的林业行业协会。各乡镇要根据森林资源状况和产业发展格局，引导林农联合组建林木种苗、核桃、花椒、板栗、护林联防、森林病虫害防治、林产品加工营销等专业协会，在区域中心城市建立服务平台，在乡镇建立服务协会，在村建立服务分会，形成县、乡、村一体化，互动互联的服务构架，积极引导、吸收林农会员。各协会要制定章程，完善服务功能。林木种苗、核桃、花椒、板栗、林产品加工营销等协会要在行业规范、信息服务、营销决策等服务上，发挥其应有的作用；护林联防、森林病虫害防治协会应开展森林防火、病虫害防治等知识的宣传普及，建立群防群治的长效机制，共同防御森林灾害，维护森林安全。

3）加快建设农村林业发展融资体系。建立健全银行、保险、林业、财政等部门和单位沟通协调机制，积极为林农提供林业发展融资支持。积极开办林权抵押贷款、林农小额信用贷款和林农联保贷款等业务，增加林业贴息贷款、扶贫贴息贷款、小额担保贷款等政策覆盖面。加大对林业专业合作组织及成员的信贷支持，推行专业合作组织建立互助性担保体系，提高林业生产发展的组织化程度。积极推行森林保险，防范金融风险。

4）加强林业科技推广体系建设。各级党委、政府和林业主管部门要高度重视林业科技推广体系的建设工作，切实加强领导，加大投入。建立健全县、乡、村三级林业科技推广机构和林业科研机构。加强林业科技人才队伍建设，逐步改善林业科研条件。立足县级林业发展实际，积极开展林业科学技术研究，争取在县级确定的优质种苗科技创新、良种选育推广、造林抚育技术、林产品精深加工等重点发展的林业项目方面取得一批突破性的成果，并积极推广应用，加强林业科技示范园建设，发挥示范带动作用。开展送林农科技下乡活动，把广大林农急需的林业先进技术送到田间地头，切实提高林业科技对林业增效、林农增收的贡献率。重视林业教育培训工作，逐步改善办学条件，提高教学质量。

5）加强森林防火体系建设。建立健全县、乡镇、村森林防火指挥机构，完善森林防火工作责任制，加强森林防火宣传，强化火源防范管理，建设森林防火扑救体系，提高科学扑救森林火灾能力。加强森林防火基础设施建设，建立健全林火预测预报网、通信网、瞭望监测网、林火阻隔网，推进扑火队伍专业化、扑火工具机械化。各级政府要切实加大对森林防火基础设施的投入力度，提高森林防火能力，努力把林农受森林火灾的损失降到最低。

6）加强森林病虫害防治体系建设。建立健全县、乡林业行政主管部门森林病虫害防治机构，强化乡镇林业站森林病虫害防治职能。贯彻"预防为主、综合治理"的方针，按照分级管理、分工负责原则，建立森林病虫害预测预报网络，及时掌握森林病虫害的发生趋势和动态，切实加强检疫措施，严把种苗关，适地适树，加强科学研究，不断提高防治水平，严格控制森林病虫害的传播蔓延。各级政府要逐步增加投入，保证森林病虫害防治体系建设投资的稳步增长。

7）加快建设农村林业信息服务体系。完善林业信息收集和发布制度。充分利用农业信息服务体系资源，整合和利用各种媒介，向林农提供市场、科技和教育等信息，实现信息进村入户；运用市场化运作方式，鼓励社会企事业单位提供信息服务，培育大型林业网站，建立林产品网上交易平台，扩大农产品网上宣传、推介力度。加强对林业服务信息内容真实性及收费合理性的监管，防止损农害农事件发生。

8）积极组建林业中介服务机构。鼓励企事业单位和社会力量组建经营性林业中介服务机构，支持有相关资质的单位建立县林业规划设计机构，为林农编制森林经营方案和规划设计方案，支持有相关资质的单位或部门依法建立森林资源资产评估中心。支持符合条件的单位或部门建立木材检验检疫中心和林业科技服务中心。支持建立林权管理服务中心或林业综合服务中心。社会化的林业中介服务机构以市场运作为主，各级林业主管部门和相关部门给予相应的服务支持和政策优惠。

9）改革和完善基层林业工作站服务职能。乡镇林业站在基层林业建设和林农致富上发挥重要的作用，也是加强林业社会化服务体系建设的基本力量。在推进集体林权制度改革的初期，林业专业合作组织、专业协会和中介服务还不健全，基层林业站既要履行好管理职能，又要承担好服务广大林农的任务。随着林业社会化服务市场的逐步成熟和林改的进一步深化，林业站应逐步转变工作职能，将工作重点逐步转移到提供林业公共服务、加强管理上来。充分发挥优势，广泛宣传林业政策，加强林权管理和生态林管护，组织森林病虫害防治和森林防火，依法行政、依法治林，做好公益性服务，主动服务社会主义新农村建设。

10）建立林农合法权益的有效保障机制。建立健全符合县级实际的林业法律法规体系，为依法治林提供依据。加强森林公安建设，提高队伍素质，增强办案能力，严厉打击破坏森林资源的违法犯罪行为。加强和规范林政管理、森林检疫、木材检查等林业行政执法行为，积极推进林业综合执法体制改革，提高执法效率，树立执法权威，加强执法监督，确保依法行政，维护正常的林业生产经营秩序,保护广大林农的合法权益。加大财政投入力度，支持林业行政队伍和机构建设。

1.2 林业公共服务

1.2.1 森林提供的三大效益

森林可为社会提供的效益主要包括经济效益、生态效益和社会效益。

1.经济效益

经济效益也称直接效益，即主要提供下列物质和能源的效益。

1）木材。木材是目前世界四大材料（木材、钢材、水泥、塑料）之一，也是森林的主产品，可制作原木、板方材、三板材（纤维板、胶合板、刨花板）和削片，用于建筑、车辆、船舶、枕木、矿柱、造纸和家具制造等。

2）能源。每立方米木材可产生热量约1670万千焦。世界每年作为薪炭燃烧而耗费木材约12亿立方米，占世界木材总产量46.9%。在发展中国家，薪炭能源占总能源的比重达84.7%。除此之外，许多森林植物的种子含有丰富的油脂或淀粉，是生产生物柴油、酒精的重要原料，现在不少国家正从森林植物中提炼生物燃料，以解决能源危机。

3）食物。林木种子可用作油料资源的有核桃、花椒、油茶、油橄榄、油棕等，可作为食品的有板栗、枣、柿、榧子、松子等。从植物枝、干、叶中还可提炼食用淀粉、维生素、糖等。林副产品中蘑菇、猴头、木耳、银耳等都是佳肴珍品。森林中的鸟兽、两栖、爬行类等狩猎资源占陆生动物资源的绝大多数，出产大量肉、皮、毛、羽、骨、蛋、角等。

4）化工原料。如松脂、单宁、紫胶、芳香油、橡胶、生漆等。

5）医药资源。药用植物，如刺五加、毛冬青、人参、灵芝、猪苓、平贝母、冬虫夏草，以及来源于动物的熊胆、鹿茸、麝香、五灵脂等都是名贵中药。20世纪70年代已从喜树、三尖杉等提炼出抗癌药物。

6）物种基因资源。生存于森林中的生物种类甚多，其中有不少属于珍稀或濒危种类。此外,森林还可为多种科学研究,如遗传、进化、生态和水文研究等提供科研材料或基地。

2.生态效益

生态效益指由于森林环境（生物与非生物）的调节作用而产生的有利于人类和生物种群生息、繁衍的效益，主要包括以下几方面。

1）保护生物多样性。森林为其他生物（包括人类）提供了极为舒适的生存环境。一片森林，除了有各种丰富的乔木、灌木、藤本、草本、苔藓和地衣外，还包括虫、鸟、兽，以及各种微生物。据调查，稍微茂密的森林，每平方米森林土壤中就有线虫 1000 ～ 6000 条、蜱螨 70000 ～ 100000 头、跳虫 50000 ～ 70000 头、陆贝 1000 ～ 3000 个、蟹虫 200 ～ 1000 头、蚯蚓 150 ～ 500 条。

2）调节气候。浓密的林冠阻挡太阳辐射，使林内呈现巨大的温室效应。与无林地相比，森林冬暖夏凉、夜暖昼凉，温差较小，有利于林下植物生长和动物栖息。在生长季节，森林强大的蒸腾作用有助于吸收热量而使温度下降；空气湿度的增加，则易形成雾淞、露、霜等水平降水；同时对垂直降水也有一定影响。

3）涵蓄水源、保持水土。森林对水文运动的影响主要表现在以下几个方面。

① 对大气降水的影响。森林植物枝叶对雾、露、霜等水平降水具有很强的捕获能力。森林的凝结水量比空旷地多 1/4，一般占总降水量的 2%～5%。此外，森林还对降雪量有较高的拦截能力，林带和林缘的积雪量比农田要高 2 ～ 6 倍。对于森林增加降雨问题大家争论很大，但比较趋于一致的意见是大面积森林可增加 5%～10%的降水量。

② 截留降水。森林植物和地被物表面吸收、吸附并蒸腾大气降水，可分为三部分：林冠截留，是降水被林木的枝、叶、干等表面吸收、吸附和蒸发的现象，其截留率随降水量和降水强度增大而减少，一般为降水量的 15%～30%；林下植物截留，其截留量较少，与覆盖度、占有立体空间及枝叶密度成正相关；枯枝落叶层的截留量较大，与枯枝落叶层的厚度、质地和分解程度等有密切关系，一般占年降水量的 1～5%。

③ 蒸腾。森林蒸腾是森林植物进行有机物合成及分解、能量的吸收和转化的一种生理现象，即土壤水分经根系吸收，通过输导系统，至叶部及嫩枝皮部逸散到大气中的消耗过程。森林蒸腾包括林地表面水分蒸发和森林植被的蒸腾。由于森林内的温度较低、湿度较大，林地表面蒸发量比无林地小，一般为无林地的 20%～60%。森林蒸腾量受蒸腾强度、蒸腾时间和蒸腾面积（主要是总叶面积）所支配，热带雨林年蒸腾量可达 3100mm，比温带森林大 2 ～ 3 倍。

④ 土壤蓄水。森林土壤疏松，渗透性强，有利于水分的贮存和移动。中国四川高山云杉、冷杉林的土壤渗透率为 300mm/h，而其采伐迹地仅为 120 ～ 130mm/h。不同森林植被的蓄水能力也不同。土壤层越深厚、越疏松，蓄水能力越高。日本北海道各类土壤终期渗透强度林地为 414 mm/h，农地为 56 mm/h，牧地为 37 mm/h，草地为 128 mm/h，裸地为 14 mm/h。

⑤调节径流。在森林里，地表径流所占比例很小，地下径流占主要地位，它是由降水渗入土壤而产生的。同地面径流相比，地下径流流速缓慢，水质纯净，具有调节和净化水源的作用。

由于森林对水文运动的影响而对人类生态环境及生产活动产生的水文效益主要表现在以下方面。①保持水土、防止土壤侵蚀。森林对降雨的截留，大大减轻了雨滴对土壤表面的冲击；森林把地面径流转为地下径流，可以防止土壤流失；树根深而交错盘结，固土能力强，可以防止滑坡、塌方和泥石流的发生。过量采伐森林是导致水土流失的根本原因。历史上中国黄土高原地区森林覆被率曾高达50%。经四五千年的开垦，森林覆被残存无几，水土流失严重地区的面积达28万平方公里，占该地区总面积65%；每年向三门峡以下黄河下游倾泻泥沙达16亿吨，成为世界上水土流失最严重的地区，黄河成为含沙量最高的河流。因此，在该地区恢复森林植被、限制坡面垦荒、实行陡坡退耕还林是控制水土流失的根本途径。②涵养水源，调节流量，减少洪害。森林把地面径流转为地下径流，减慢了径流速度，因此在雨季可以大量贮蓄水分，减缓洪水流量；干旱季节又可补充河水流量，减轻或防止旱灾。复层、异龄、针阔混交的天然林是涵养水源的最佳林分。中国长江支流岷江上游因1950～1978年原始林破坏，森林覆被率下降15%～20%，同期河流洪水流量平均增加38.27m^3/s。此外，森林还可改善水质，降低水的硬度，提高水的碱性，并可防止水资源受到物理、化学、热能及生物的污染。

4）减少旱灾、洪灾、虫灾等自然灾害。夏季森林使地面温度降低，空气垂直温差变化减少，上升气流速度减弱，因而还可削弱形成雹灾的条件。

5）改良土壤。枯枝落叶层经微生物分解变为有机质而增加了土壤肥力。

6）消除环境污染。例如，降水经森林土壤渗透过滤，水中所含有毒物质（砷、汞、铅、氰、氯、氟等化合物）以及病菌被阻滞在土壤里；森林通过光合作用吸收二氧化碳，释放氧气；林冠枝叶表面吸附灰尘和有毒微粒，吸收二氧化硫、一氧化碳、氟化物、氯气等有毒气体，有助于消除污染；森林植物的叶、芽、花、果能分泌具有芳香挥发性的杀菌素，有的森林植物释放氧离子，都可杀死细菌。因此森林常成为疗养的理想场所。此外，枝叶树干对声波阻挡吸收作用还有利于消除噪声。

3.社会效益

社会效益表现为森林对人类生存、生育、居住、活动，以及对人的心理、情绪、感觉、教育等方面所产生的作用。例如，森林具有的优美的林冠，千姿百态的叶、枝、花、果，以及随季节而变化的绚丽多彩的各种颜色，可为人们提供游憩的场所和陶冶性情的环境条件，并由此发展森林文化，如森林旅游文化、茶文化、竹文化、木文化、梅文化、菊文化等。

1.2.2 林业提供的多种功能服务

林业提供的多种功能服务主要体现在以下方面。

1）林业具有巨大的生态功能，在实现生态良好、维护生态安全中发挥着决定性作用。生物地理专家把森林喻为"地球之肺"，把湿地喻为"地球之肾"，把荒漠化喻为"地球一种很难医治的疾病"，把生物多样性喻为地球的"免疫系统"。林业部门不仅可以生产出经济建设必需的物质产品，而且还能够生产大量的生态产品。每种植一片森林，保护一片湿地，就相当于投建了一个工厂：森林通过光合作用吸收二氧化碳，释放氧气，可以涵养水源、保持水土、防风固沙、调节气候、保护物种基因、减少噪声、减轻光辐射等；湿地可以涵养水源、调节气候、维护生物多样性，还可以净化水质。当今世界各种商品琳琅满目，唯有生态产品十分短缺，生态产品具有公益性，不像商品那样可以交换。

2）林业具有巨大的经济功能，在推动经济发展、维护经济安全中发挥着重要作用。这可以从以下三个层面来理解。第一，木材、钢铁、水泥是世界公认的经济建设不可或缺的三大传统原材料。和钢材、水泥相比，木材是绿色环保、可降解的原材料，用木材代替钢材和水泥，可以减少大量的二氧化碳排放，对发展低碳经济、建设环境友好型社会意义十分重大。我国是木材消耗大国，供需矛盾十分突出。2007 年我国进口林产品折合原木达到 1.55 亿立方米，占全国年木材消费量的一半左右。随着经济的发展，我国木材需求量还将大幅度增加。而全球保护森林资源的呼声日益高涨，许多国家开始限制原木出口。维护木材安全已成为我国一个重大战略问题。我们必须逐步改变大量依靠进口木材的局面，立足国内 43 亿亩林地来解决我国的木材供应问题。这是我国必须长期坚持的重大战略。第二，森林是仅次于煤炭、石油、天然气的第四大战略性能源资源，而且具有可再生、可降解的特点。森林生物质能源主要是用林木的果实或籽提炼柴油，用木质纤维燃烧发电。在化石能源日益枯竭的情况下，发展森林生物质能源已成为世界各国能源替代战略的重要选择。我国有种子含油量在 40% 以上的木本油料树种 154 种，每年还有可利用枝桠剩余物燃烧发电的能源量约 3 亿吨，发展森林生物质能源前景十分广阔。第三，林业对维护国家粮油安全具有重要意义。我国木本粮油树种十分丰富，有适宜发展木本粮油的山地 1.6 亿亩。其中，油茶就是一种优良的油料树种，茶油的品质比橄榄油还好。目前，全国食用植物油 60% 靠进口。如果种植和改造 9000 万亩高产油茶林，就可年产茶油 450 多万吨，不仅可以使我国食用植物油进口量减少 50% 左右，还可腾出 1 亿亩种植油菜的耕地来种植粮食，对于维护我国粮油安全具有战略意义。

3）林业具有巨大的固碳功能，在应对气候变化、维护气候安全中发挥着特殊作用。《京都议定书》明确规定了两种减排途径，一是工业直接减排，二是通过森林碳汇间接减排。森林每生长 $1m^3$ 蓄积，约吸收 1.83t 二氧化碳，释放 1.62t 氧气。专家测算，一座 20 万千瓦机组排放的二氧化碳，可被 48 万亩人工林吸收；一架波音 777 飞机一年排放的二氧化碳，可被 1.5 万亩人工林吸收；一辆奥迪 A4 汽车一年排放的二氧化碳，可被 11 亩人工林吸收。森林是陆地上最大的储碳库和最经济的吸碳器，陆地生态系统一半以上的碳储存在森林生态系统中。与工业减排相比，森林固碳具有投资少、代价低、综合效益大等优点。加快林业发展，增强森林碳汇功能，已成为全球应对气候变化的共识和行动。

4）林业具有巨大的保健功能，在调节人体生理机能、促进人的身心健康方面发挥着重要作用。维系人的生命不仅要有吃、穿、住等物质产品，也离不开氧气、水、适宜的生境等生态产品。据科学家研究，人的寿命主要受遗传圈、社会圈和自然圈的影响。其中，遗传因素占 20% 左右，其他取决于社会圈和自然圈。社会圈影响人的喜、怒、哀、乐，会给人带来压抑、忧郁等问题。自然圈可以愉悦人的心情，舒缓人的压力，消除忧郁和压抑．森林还能释放出大量的负氧离子，像保健品一样调节人体的生理机能，改善人体呼吸和血液循环，促进人的身心健康。据科学研究，在人的视野中，绿色达到 25% 以上时能消除眼睛和心理的疲劳，使人的精神和心理压力得到释放，居民每周进入森林绿地休闲的次数越多，其心理压力指数越低。

5）林业具有巨大的美化功能，在树立地方形象、改善投资环境中发挥着主导作用。良好的生态环境已成为衡量一个地区外在形象、投资环境和生活品质的重要标志。形成良好的森林生态系统和湿地生态系统，一个地区的形象就会大为改观，人们的生活品质就会明显提升，经济发展的环境容量就会大大增加，就会形成投资洼地，吸引大量的资金、人才、技术。大连、杭州和天津滨海新区等一大批城市和开发区，通过建设森林城市和生态宜居城区，不仅完全改变了当地的形象，极大地提高了当地居民的生活品质，使当地居民看到了政府实实在在的政绩，而且使大量土地明显升值，投资吸引力明显增强，有的还由过去经济发展比较落后的地方转变成为经济发展的先进地区。目前，云南省正在全面实施推进"生态立省"战略，必须高度重视林业建设，充分发挥林业在生态建设中的首要作用，真正使全省走上生产发展、生活富裕、生态良好的文明发展道路。

总之，中央把林业地位提升到前所未有的高度，体现了一个重大战略意图，那就是要求林业为实现科学发展、建设生态文明、维护生态安全、应对气候变化、应对金融危机、解决"三农"问题、维护社会和谐稳定，乃至促进整个经济社会发展作出重大贡献。

1.2.3 林业公共服务

目前，林业部门提供的公共服务事项一般包括以下几点。

1）林木采伐许可证服务，服务依据为《中华人民共和国森林法》，通常由各乡镇林业站、县政务中心林业窗口提供。

2）临时占用林地审批服务，服务依据为《中华人民共和国森林法实施条例》，由县政务中心林业窗口承办。

3）陆生野生动物及其产品准运证服务，服务依据为《中国人民共和国野生动物保护法》。运输、携带、邮寄野生动物或其产品，必须办理准运证，通常由县政务中心林业窗口承办。

4）省二级以下保护野生动物驯养、繁殖、产品经营利用许可服务指南，服务办理依据为《中华人民共和国野生动物保护法》和《中华人民共和国野生动物保护法实施条例》，通常由县政务中心林业窗口。

5）林木种子生产经营许可服务，根据《中华人民共和国种子法》和《林木种子生产、经营许可证管理办法》办理服务，通常由县林业局营造林绿化股室承办。

6）野外生产用火许可服务，服务办理依据为《森林防火条例》，由县森林防火指挥部办公室承办。

7）木材运输证核发服务，服务依据为《中华人民共和国森林法》和《中华人民共和国森林法实施条例》，由县政务中心林业窗口承办。

8）林权登记服务，服务依据为《中华人民共和国森林法实施条例》，由县林业局林权登记服务管理中心承办。

9）森林更新验收合格证确认服务，服务依据为《森林采伐更新管理办法》，通常由县林业局森林资源林政股承办。

10）植物检疫证书服务，服务依据为《植物检疫条例实施细则（林业部分）》，由县政务中心林业窗口承办。

11）狩猎证核发服务，服务依据为《中华人民共和国野生动物保护法》和《中华人民共和国陆生野生动物保护实施条例》，由县政务中心林业窗口承办。

12）森林资源规划设计调查服务，服务依据为《中华人民共和国森林法》，由县林业局林业调查规划设计室承办。

13）林业科学技术推广、培训、咨询等服务，由县林业局林业项目办、各乡镇林业站承办，服务依据为《中华人民共和国森林法》《中华人民共和国农业技术推广法》《林业工作站管理办法》。

14）林业有害生物技术鉴定及防治技术咨询服务，服务依据为《中华人民共和国森林法》，由县（林业局）森林病虫害防治检疫站承办。

15）森林防火宣传，编制森林防火规划服务，由县森林防火指挥部办公室承办，服务依据为《森林防火条例》。

16）林业法律、法规和方针、政策宣传服务，由县林业局办公室、各乡镇林业站承办，服务依据为《林业工作站管理办法》。

17）植树造林活动宣传和组织服务，由县林业局绿化委员会办公室、各乡镇林业站承办，服务依据为《中华人民共和国森林法》《中华人民共和国森林法实施条例》《国务院关于开展全民义务植树运动的实施办法》。

18）林权抵押登记服务，服务依据为《森林资源资产抵押登记办法》《关于林权抵押贷款的实施意见》，由县林业局林权登记服务管理中心承办。

以安徽省岳西县林业局为例，具体说明林业部门的公共服务，如表1.1所示。

表1.1 安徽省岳西县林业局公共服务清单

序号	事项名称	办理依据	实施（共同实施）单位	服务对象
1	组织开展"保护野生动物宣传月"活动	1)《中华人民共和国陆生野生动物保护实施条例》第六条：县级以上地方各级人民政府应当开展保护野生动物的宣传教育，可以确定适当时间为保护野生动物宣传月、爱鸟周等，提高公民保护野生动物的意识 2)《安徽省实施〈中华人民共和国野生动物保护法〉办法》第七条：每年4月4日至10日为本省"爱鸟周"；每年10月为本省"保护野生动物宣传月"。"爱鸟周"和"保护野生动物宣传月"期间，地方各级人民政府应组织有关部门，集中开展保护野生动物的宣传教育活动	县林业局野生动植物保护管理站、县森林公安局	公民、法人和社会组织
2	野生动物收容救护	《中华人民共和国陆生野生动物保护实施条例》第九条:任何单位和个人发现受伤、病弱、饥饿、受困、迷途的国家和地方重点保护野生动物时，应及时报告当地野生动物行政主管部门，由其采取救护措施；也可以就近送具备救护条件的救护单位。救护单位应当立即报告野生动物行政主管部门，并按照国务院林业行政主管部门的规定办理	县林业局野生动植物保护管理站、县森林公安局	公民、法人和社会组织
3	森林防火宣传教育	1)《森林防火条例》第十条：各级人民政府、有关部门应当组织经常性的森林防火宣传活动，普及森林防火知识，做好森林火灾预防工作 2)《安徽省森林防火办法》第十条:各级人民政府、森林防火指挥机构及林业行政主管部门应当组织经常性的森林防火宣传活动，普及森林防火知识，做好森林火灾预防工作	县防火办	公民、法人和社会组织

续表

序号	事项名称	办理依据	实施（共同实施）单位	服务对象
4	森林火险预警预报信息发布	1)《森林防火条例》第三十条第一款：县级以上人民政府林业主管部门和气象主管机构应当根据森林防火需要，建设森林火险监测和预报台站，建立联合会商机制，及时制作发布森林火险预警预报信息 2)《安徽省森林防火办法》第二十五条：森林防火期内，气象部门应当做好森林火险气象等级预报、高森林火险天气警报，并及时发布	县防火办、县气象局	公民、法人和社会组织
5	林业科技推广	《安徽省林业厅 2017 年工作要点》：强化林业科技支撑和服务：大力推广林业先进实用新技术、新品种、新机械、新材料和先进经营管理方式，探索创新森林经营模式，建设一批高标准、高效益林业科技推广示范园。组织林业技术专家服务增绿增效行动，加强林业职业技术教育和技能培训，提高林业干部职工和林农的科学素质和专业技能	县林业工作站	公民、法人和社会组织
6	林业公共信息咨询、林业实用技术宣传与培训服务	《中华人民共和国农业技术推广法》第十一条：各级国家农业技术推广机构属于公共服务机构，履行下列公益性职责：（六）农业公共信息和农业技术宣传教育、培训服务；第三十一条：农业技术推广部门和县级以上国家农业技术推广机构，应当有计划地对农业技术推广人员进行技术培训，组织专业进修，使其不断更新知识、提高业务水平	县林业工作站	公民、法人和社会组织
7	湿地保护宣传教育	《安徽省湿地保护条例》第六条：每年的 11 月 6 日为安徽湿地日。县级以上人民政府有关部门应当加强湿地保护宣传教育工作，普及湿地知识，增强全社会湿地保护意识	县林业局野生动植物保护管理站	公民、法人和社会组织

序号	事项名称	办理依据	实施（共同实施）单位	服务对象
8	三级古树名木保护政策宣传、技术推广与培训	《安徽省古树名木保护条例》第四条：各级人民政府应当加强对古树名木保护的宣传教育，增强公众保护意识，鼓励和促进古树名木保护的科学研究，推广古树名木保护的科研成果和技术，提高古树名木的保护水平。县级以上人民政府应当按照古树名木保护级别，安排专项经费，专项用于古树名木的资源调查、认定、保护、抢救以及古树名木保护的宣传、培训等工作。第十三条：县级以上人民政府林业、城市绿化行政主管部门应当加强对古树名木养护技术规范的宣传和培训，指导养护责任单位和个人按照技术规范进行养护，并无偿提供技术服务	县绿化办	公民、法人和社会组织
9	三级古树名木养护管理服务	《安徽省古树名木保护条例》第三条：古树名木实行属地保护管理，坚持以政府保护为主，专业保护与公众保护相结合的原则。第十二条：县级以上人民政府林业、城市绿化行政主管部门应当与养护责任单位或者个人签订养护责任书，明确养护责任和义务。古树名木遭受有害生物危害或者人为和自然损伤，出现明显的生长衰弱、濒危症状的，养护责任单位或者个人应当及时报告所在地县级以上人民政府林业、城市绿化行政主管部门。林业、城市绿化行政主管部门应当在接到报告后及时组织专业技术人员进行现场调查，并采取相应措施对古树名木进行抢救和复壮。第十三条：县级以上人民政府林业、城市绿化行政主管部门应当定期组织专业技术人员对古树名木进行专业养护，发现有害生物危害古树名木或者其他生长异常情况时，应当及时救治	县绿化办	公民、法人和社会组织
10	义务植树宣传教育	《安徽省全民义务植树条例》第七条：县级以上人民政府绿化委员会，统一主管本地区的义务植树和绿化工作，对各部门、各单位的义务植树和绿化活动进行指导、协调、监督和检查，培训义务植树技术骨干，开展义务植树宣传教育，普及绿化知识，提供技术服务。绿化委员会办公室是其常设办事机构，负责义务植树的日常工作	县绿化办、县林业工作站	公民、法人和社会组织

序号	事项名称	办理依据	实施（共同实施）单位	服务对象
11	林木品种选育、生产、经营技术服务及信息公告	《安徽省林木种子条例》第二十五条：县级以上人民政府林业行政主管部门应当为林木品种选育者以及林木种子生产者、经营者、使用者提供下列指导、服务：（一）引导林木种子生产者、经营者开展标准化生产和规模经营；（二）扶持林木种子生产者、经营者通过会展等形式营销林木种子；（三）组织开展林木良种良法技术培训；（四）指导林木良种的推广活动；（五）落实有关林木良种选育、生产、推广和使用方面的扶持措施；第二十六条：县级以上人民政府林业行政主管部门应当建立和完善信息服务平台，及时公告与林木品种选育和林木种子生产、经营、使用有关的信息，公布有关行政许可事项，为当事人提供方便	县林业工作站	公民、法人和社会组织
12	森林病虫害预测预报发布	1)《森林病虫害防治条例》第十条：县、市、自治州人民政府林业主管部门或者其所属的森林病虫害防治机构，应当综合分析基层单位测报数据，发布当地森林病虫害短、中期预报，并提出防治方案	县林业有害生物防治检疫站	公民、法人和社会组织
13	组织开展"爱鸟周"宣传活动	1)《中华人民共生野生动物保护实施条例》第六条：县级以上地方各级人民政府应当开展保护野生动物的宣传教育，可以确定适当时间为保护野生动物宣传月、爱鸟周等，提高公民保护野生动物的意识	县林业局野生动植物保护管理站、县森林公安局	公民、法人和社会组织

1.3 服务平台及机构建设

1.3.1 提供服务的政府职能部门

1. 国家林业局

国家林业局设 11 个内设机构，分别为办公室、政策法规司、造林绿化管理司（全国绿化委员会办公室）、森林资源管理司（木材行业管理办公室）、野生动植物保护与自然保护区管理司、农村林业改革发展司、森林公安局（国家森林防火指挥部办公室）、发展规划与资金管理司、科学技术司、国际合作司（港澳台办公室）、人事司。

2.各省、自治区、直辖市林业厅（局）

包括北京、天津、河北、山西、内蒙古、辽宁、吉林、黑龙江、上海、江苏、浙江、安徽、福建、江西、山东、河南、湖北、湖南、广东、广西、海南、重庆、四川、贵州、云南、西藏、陕西、甘肃、青海、宁夏、新疆等厅局。各地级市、县级市及县级政府设林业局。

1.3.2 合作组织

1.林业合作组织有哪些基本类型？

我国林业合作组织有如下几种分类方式。

1）从组织的性质上看，我国林业合作组织主要有专业协会和专业合作社两大类。一般认为，林业合作组织，如家庭合作林场，专业合作经济组织等，是紧密型的组织形式；而林业协会则是松散型的组织形式。

2）从业务范围看，我国目前的林业合作组织的专业领域基本涵盖了林业生产的各个环节，包括森林管护、病虫害防治、林道建设、造林、营林、种苗生产、林产品加工、销售、物资采购、技术和信息服务等。其中既有技术服务型、销售服务型等业务单一的专业合作组织，也有集产、供、销、服务为一体的综合性合作组织。

3）从组建方式看，主要有农民自主组建型、乡村集体组建型、企业带动组建型、政府部门扶持组建型、国际组织扶持组建型等。由龙头企业带动组建的合作组织是 20 世纪八九十年代出现的"公司＋农户"模式的延伸和发展。"公司＋农户"模式虽然在一定程度上减少了农户的市场风险，但农户始终处于被动和弱势地位。而在新的"公司＋专业合作社＋农户"模式中，合作社充当了连接公司与农户之间的桥梁，既维护了农民的利益，又减少了企业与单个农民交易的成本，在三者间形成了合理的利益分配机制。

2.什么是农民林业专业合作社？

按照《农民专业合作社法》第二条规定，农民专业合作社是在农村家庭承包责任制基础上，同类农产品的生产经营者或者同类农业产业经营服务的提供者、利用者，自愿联合、民主管理的互助性经济组织。

农民林业专业合作社是农民专业合作社的一种形式，是在集体林地、林木实行家庭承包经营的基础上，同类林产品的生产经营者或者同类林业生产经营服务的提供者、利用者，自愿联合、民主管理的互助性经济组织。主要任务是对外为社员销售、加工、运输、贮藏林产品，对内为社员采购林业生产资料和提供技术、信息等服务。

3.农民林业专业合作社的性质和作用是什么？

（1）性质

农民林业专业合作社是我国林业发展过程中出现的一种新型林业生产经营组织。这种组织既不同于股份合作林场、股份公司等企业法人，也不同于非营利性质的专业技术协会、林产品行业协会等社会团体法人，更不是农村基层集体经济组织，而是一种全新的经济组织形态。《农民专业合作社法》确立农民专业合作社的法人地位，明确规定农民专业合作社是互助性经济组织，是独立的市场经济主体，依法经工商行政管理部门登记后，取得法人资格，享有生产经营自主权，参与经济社会活动。农民林业专业合作社及其成员的合法权益受法律保护，任何单位和个人不得侵犯。

（2）作用

农民林业专业合作社是一个由经济弱势群体组成，追求经济民主自治，公平与效率兼顾的经济组织。它在缩小两极分化，创造就业机会，促进公平竞争，提高农业生产的组织化和农民进入市场的组织化，增加农民收入，繁荣农村经济，构建和谐社会等方面的作用，是其他组织形式无法替代的。

1）有利于深化林业体制林权制度改革。林地林木实行家庭承包经营后，林业的经营单位和经营面积相对比较分散，难以形成规模经营效益。通过农民林业专业合作社，既不改变家庭承包经营的主体，防止农民失山失地，又能把千家万户的小生产者组织起来，形成一个有机联系的经济利益共同体，使农民从单个的生产单位走上联合的、有组织的生产经营形态，解决了林权分散的弊端，实现规模化、集约化经营，获取更大的经营效益，有利于深化集体林权制度改革。

2）有利于对接商品市场。集体林权制度改革后，由于农民的商品信息量小、市场信息不灵，难以真正成为市场交易的主体。农民林业专业合作社活跃于市场与生产者之间，能及时捕捉市场信息，掌握市场动态，传递市场信息，指导农民按市场需要组织生产，可以促进分散的农户在保持产权独立的前提下，通过同类生产经营的横向联合和产前、产中、产后各个环节的纵向联合，形成有实力的经济主体进入市场，参与市场竞争。同时，按照市场规律的要求，自觉地进行调整和优化林业产业结构。

3）有利于强化经营管理。由于林业经营管理产期处于相对粗放的状态，科技含量低，管理手段落后。通过农民林业专业合作社，促使一批农村致富能手、现代企业加入，引入先进的经营管理理念，既解决集体经济组织统一不起来、行政管理部门包揽不了、农民单家独户又干不成等问题，又能以其特有的民办性、合作性和专业性等优势，在生产、储存、流通等环节广泛应用最新科技成果，提高质量、改良品种，有效提高林业生产的经济效益，提高林业经营管理水平和抵御风险能力，推进林业可持续发展。

4）有利于资源优化配置。农民林业专业合作社是农民与政府之间联系的桥梁和纽带。通过专业合作社的直接服务，实行对人才、资金、技术、信息等市场资源的优化配置。同时，能以合作社主体承担实施国家支持发展林业和农村经济的建设项目，加强林业基础设施建设和增加农民收入。

4.农民林业合作社的设立有哪些规定？

设立农民林业专业合作社必须符合法规条件。《农民专业合作社法》第十条规定："设立农民专业合作社，应当具备下列条件：（一）有五名以上符合本法第十四条、十五条规定的成员；（二）有符合本法规定的章程；（三）有符合本法规定的组织机构；（四）有符合法律、行政法规规定的名称和章程确定的住所；（五）有符合章程规定的成员出资。"可以说，申请设立农民林业专业合作社的门槛相对较低，只作原则性规定，给基层留下很多空间，便于操作，符合农民林业专业合作社发展的客观实际。

（1）关于成员的规定

成员是农民林业专业合作社设立的基本条件。《农民专业合作社法》规定，设立农民专业合作社必须有五名以上符合法律规定的成员。同时《农民专业合作社法》第十五条规定"农民至少应当占成员总数的百分之八十""成员总数二十人以下的，可以有一个企业、事业单位或者社会团体成员；成员总数超过二十人的，企业、事业单位和社会团体成员不得超过成员总数的百分之五"。这是从农民成员占有数量比例来保证合作社以农民为主体的性质，保障农民在合作社中的地位和权利。农民林业专业合作社成员是拥有林地承包经营权和林木所有权的农民成员，也包括林业企事业单位和社会团体等法人成员，但是，具有公共事务职能的单位不得加入农民林业专业合作社。

为了维护成员的合法权益，《农民专业合作社法》还对成员享有的权利和承担的义务进行了原则性规定：成员享有权利主要包括参加成员大会，并享有表决权、选举权和被选举权，按照章程规定对本社实行民主管理；利用本社提供的服务和生产经营设施；按照章程规定或者成员大会决议分享盈余；查阅本社的章程、成员名册、成员大会或者成员代表大会记录、理事会会议决议、监事会会议决议、财务会计账簿；章程规定的其他权利。成员承担义务主要包括执行成员大会、成员代表大会和理事会的决议；按照章程规定向本社出资；按照章程规定与本社进行交易；按照章程规定承担亏损；章程规定的其他义务。从法律规定来看，成员的权利和义务还需要通过章程作出具体规定。

（2）关于章程的规定

农民林业专业合作社的章程是其自治特征的重要体现。农民林业专业合作社章程是在法律法规和国家政策规定的框架内，由本社的全体成员根据本社的特点和发展目标制定的，并由全体成员共同遵守的行为准则。《农民专业合作社法》第十二条规定了专业合作社章程应当载明的事项，包括名称和住所；业务范围；成员资格及入社、退社和除名；成员的权利和义务；职权、任期、议事规则；成员的出资方式、出资额；财务管理和盈余分配、亏损处理；章程修改程序；解散事由和清算办法；公告事项及发布方式；需要规定的其他事项。法律规定的强制性要求，农民林业专业合作社及其成员都必须遵守。但同时，法律为农民专业合作社的自治留下了足够的空间，对于专业合作社的重要事项，如成员具体的出资方式、出资期限、出资额、住所地的确定、是否设立理事会和监事会、盈余分配的具体方案和亏损处理的具体办法、是否聘任经理和其他管理人员等，都需要由专业合作社的全体成员自己决定并载入章程。根据《农民专业合作社法》第十一条和第十四条规定，农民林业专业合作社的章程由全体设立人员制定并一致通过，所有加入该专业合作社的成员都必须承认并遵守。

（3）关于组织机构的规定

农民林业专业合作社的组织机构是确保工作正常运行的重要基础。《农民专业合作社法》规定，专业合作社通常可以有成员大会、成员代表大会、理事长或者理事会、执行监事或者监事会等机构。由于专业合作社的规模不同、经营内容不同，设立的组织机构也并不完全相同，《农民专业合作社法》对某些机构的设置不是强制性规定，而是要由专业合作社自己根据需要决定。一是成员大会是专业合作社的权力机构，按法律规定必须设立。成员代表大会是可以设立，也可以不设立，如果专业合作社的组织规模较大，成员人数较多（超过 150 人），可以按照章程规定设立。对于成员代表大会的代表产生办法、职权范围等，法律上没有硬性规定，而应当以本社的章程规定为依据。通常情况下，代表大会可有行使成员大会的部分职权，也可以是全部职权。二是农民林业专业合作社的理事长应当设一名，作为本社的法定代表人，即不需要特别委托，对内依照职权从事内部管理工作，对外可以直接以本社名义从事经营活动，并代表本社参加诉讼和仲裁。因为各个专业合作社的情况不同，是否设理事会由专业合作社自己决定。三是执行监事或者监事会可以设立，也可以不设立。为加强专业合作社的内部监督，防止专业合作社的有关负责人滥用职权，专业合作社可以根据需要设立；当然，也可以不设执行监事或者监事会，而由成员直接行使监督权。

同时法律明确规定，理事长、理事、执行监事或者监事会成员，都必须是本社的成员，并应当依照规定通过选举的方式产生，依照法律和章程规定性质职权，对成员大会负责。为了保护专业合作社及其成员的利益，法律对理事长、理事会和管理人员的活动提出了一些基本要求，以防止其滥用职权。从实践看，负责人滥用职权的行为包括①侵占、挪用或者私分本社利益；②违反章程规定或者未经成员大会同意，将本社资金借贷给他人或者以本社资产为他人提供担保;③接受他人与本社交易的佣金归为己有;④从事损害本社经济利益的其他活动。法律从以上方面对管理者的行为作出了禁止性规定。如果理事长、理事和管理人员违反该规定,其从事该活动所得的收入,应当归本社所有;给本社造成损失的,应当承担赔偿责任。

(4) 关于名称和住所的规定

农民林业专业合作社名称依次由行政区划、字号、行业、组织形式组成。名称中的行政区划是指专业合作社住所所在地的县级以上行政区划名称,名称中的字号应当由两个以上的汉字组成,可以使用专业合作社成员的姓名作为字号,不得使用县级以上行政区划名称作字号,名称中的组织形式应当标明"专业合作社"字样。

农民林业专业合作社的住所是其主要办事机构所在地。确定法人组织的住所,既是为了经营交易的便利,也是确立法律事实、法律关系和法律行为发生地的重要依据。农民林业专业合作社是法人,因此,在设立登记时应当明确其住所。但是,从农民林业专业合作社的组织特征、交易特点出发,既可以有一个专属于自己的法定场所,也可以按章程确定的住所,即意味着某个成员的家庭住址也可以登记为农民林业专业合作社的住所地。

(5) 关于成员出资的规定

明确成员的出资通常具有两方面的意义:一是以成员出资作为组织从事经营活动的主要资金来源;二是明确组织对外承担债务责任的信用担保基础。由于农民林业专业合作社的类型多样,经营内容和经营规模差异很大,所以,对从事经营活动的资金需求很难用统一的法定标准来约束。同时,农民林业专业合作社的交易对象一般相对稳定,交易性对人对交易安全的信任主要取决于专业合作社能够提供的林产品,而不是有成员出资所形成的合作社资本。从全国各地区的合作社实际情况来看,在出资问题上法律也都为农民加入专业合作社设置了较低的门槛,仅要求象征性出资,甚至不设置任何门槛。因此,《农民专业合作社法》对成员是否出资以及出资方式、出资额均有章程规定,体现了立法的灵活性。

(6) 关于业务范围的规定

农民林业专业合作社以其成员为主要服务对象,业务范围由章程规定,可以有林业生产资料购买,林产品销售、加工、运输、贮藏以及与农业生产经营有关的技术培训、信息咨询服务等。对不涉及登记前许可的经营项目。登记机关根据章程规定的业务范围。依据《农民专业合作社法》和《农民专业合作者登记管理条例》的有关规定进行核定,还可以参照国民经济行业分类标准中的中类或者小类核定业务范围;对专业合作社的业务范围属于法律、行政法规或者国务院规定在登记前须经批准的经营项目,如种子生产经营、木材加工经营等,申请人应当先取得有关部门的许可或审批,登记机关按照国家有关部门的许可或者审批的经营项目核定业务范围。

5.农民林业专业合作社登记需要向哪些部门申请?

工商行政管理部门是农民林业专业合作社登记机关。设立农民林业专业合作社应当向工商行政管理部门申请登记,并提交下列文件:

1) 设立登记申请书。主要事项包括名称,住所,成员出资总额,业务范围,法定代表人姓名等。

2) 设立大会纪要。由全体设立人签名、盖章的设立会议纪要,设立人为该专业合作社设立时自愿成为该社成员的人。

3) 章程。农民林业专业合作社的章程由全体设立人制定并一致通过,由全体设立人签名、盖章。

4) 法定代表人、理事会的任职文件和身份证明。农民专业合作社理事长为农民专业合作社的法定代表人。专业合作社理事长、理事由成员大会民主选举产生,提交成员大会的任职文件和个人的身份证明材料。

5) 成员出资清单。载明成员的姓名或者名称、出资方式、出资额以及成员出资总额(以人民币表示),并经过全体出资成员签名、盖章予以确认出资清单。农民专业合作社成员可以用货币出资,也可以用实物、知识产权等能够用货币估价并可以依法转让的非货币财产作价出资。成员以非货币财产出资的,由全体成员评估作价。成员不得以劳务、信用、自然人姓名、商誉特许经营权或者设定担保的财产等作价出资。

6) 成员名册。载明成员的姓名或者名称、公民身份证号码或者登记证书号码和住所的成员名册,以及成员身份证明。

7) 住所证明。专业合作社依法登记的住所只能有一个,且应当在其登记机关辖区内。专业合作社对其住所应提交享有使用权的证明,以成员自有场所作为住所的,应当提交该社有使用权的证明及场所的产权证明;租用他人场所的,应当提交租赁协议及场所的产权证明;因场所在农村没有房管部门颁发的产权证明的,可提交场所所在地村民委员会出具证明。专业合作社变更住所的,应当在迁入新住所前申请变更登记,并提交新的住所使用证明。

8) 指定代表或者委托代理人的证明。农民林业专业合作社登记机关依法登记,领取农民专业合作社法人营业执照,取得法人资格。未经依法登记,不得以农民专业合作社名义从事经营活动。

6.政府在林业合作组织发展中是怎样的角色定位?

在西方发达国家,合作社"自由放任"的观点从未流行过。在我国这样一个发展中国家。林业合作组织从发展的初始阶段起,政府就将其定位为集体林权制度改革的配套改革,是促进林业产业化和现代化的重要手段。因此,政府对林业合作组织的干预存在着必要性，但同时也包含着一定的危险性。这其中，政府能恰如其分履行其职能的关键在于正确的角色定位。

(1) 政府干预的必要性

林业合作组织作为一种弱势林农自发的民间组织，处在强势的市场经济体系边缘，它的成立首先需要得到政府的承认与认同，即政府对林业合作组织的登记注册管理。其次，为保障合作组织成员的基本权利不受伤害，政府必须参与合作组织章程的制定。政府作为社会中的强势力量，在关键领域做出的规定对于保证合作组织的正常运行将具有重要的意义。更为重要的是，目前林业合作组织的规模与数量还远远不能满足林业生产和经营的需要，为弥补林农自发力量的不足，政府有必要直接或间接推动更多的林业合作组织成立。最后，政府还应该为林业合作组织提供政策性的优惠措施以扶持其发展。

目前林业合作组织的发展还处在不成熟的起步阶段，林农的素质还普遍较低，缺乏集体意识及联合进行经济活动的愿望，政府的干预对林业合作组织的发展是不可或缺的，它可作为"第一推动力"来弥补个人主动性不足。

(2) 政府干预的危险性

政府对林业组织的干预也存在着不利于林业合作组织发展的危险性。福建省林业合作组织有46%是依靠政府的力量组建的，这种以政府为主导力量的合作组织并不是福建一省的偶然。据统计，浙江省林业合作组织中有70%是在政府部门的直接或间接推动下组建的，其中相当部分的政府部门存在着干预不适当的问题。比如在扶持过程中行政介入过多，力度过大，在管理上没有很好尊重农民意愿，从而事与愿违。行政介入对农民专业合作组织的影响突出反映在对"民办、民管、民受益"的合作原则的扭曲上。一方面，在管理方法上，一些政府官员直接担任或者直接任命合作组织的管理者，挫伤农民自主精神与主人翁意识，削弱合作组织的生命力；另一方面，在资金援助方面，政府提供大量资金及财政援助合作组织，造成合作组织对政府的依赖性过强，政府的资助一旦停止，合作组织就有解散的危险。因此可以说如果政府没有对自己的职能给以明确的定位，支持林业合作组织的行为反而会适得其反，对合作组织的发展造成很大的障碍。

(3) 政府的角色定位

1) 西方国家在合作社发展中角色定位的一般理论。

如何在政府干预的同时避免上述危险，保持合作组织的自主权和生命力，国际合作学者和实际工作者对此都极为关注，提出了他们的理论。

杜伯哈什将国家对合作社的态度区分为两种态度：常规态度和积极态度。前者指国家只对合作社给予法律上的认可，保护社员的合法权益，防止合作社滥用权力。政府的功能只限于对合作社的注册、仲裁及调查。后者指除上述功能外，政府还具有对合作社的促进、推广、监督、审计、培训及教育功能。杜伯哈什认为，合作运动的自治有两个基本方面：一是保持与扩大合作社自治的进程要求将越来越多的功能从政府的有关部门转移到合作社的自身机构中；二是这种功能的转移必须与合作社机构行使这些功能的能力相协调。

加拿大的合作学者保罗·卡斯尔曼将国家对待合作社的态度作了更为细致的总结，区分为 4 种态度：① 对立。国家不认可合作社的存在，甚至加以歧视；② 无差别，国家将合作社与其他企业形式一样看待；③ 过度热情，国家在帮助合作社方面走得太远，以致达到控制及包办合作社事务的程度；④ 恰如其分，政府不仅理解合作社存在的经济意义，而且也理解合作运动的社会意义及长期效应，认为合作社达到自助及自立，从长远看对政府有利。但决定国家恰如其分态度的终止、过度热情态度开始的分界点在实践中却是非常困难的，没有一个统一的标准，实践中政府的"悟性"才是重要的。从理论上讲，无论何时，只要政府援助一旦撤销，合作经济组织就有消亡的危险，说明此时政府的态度已是过度热情了。

2）我国政府在林业合作组织发展中的角色定位 。

目前我国正处于"工业反哺农业"、建设社会主义新农村的起步阶段，农村合作组织作为提高弱势分散农户组织化程度的一种制度创新，在全国各地蓬勃发展的实践中已经显示出巨大的制度优越性，无疑是政府实现上述社会目标的重要手段。因此政府对待农村合作组织的态度天然地偏向积极，这已无须多言。对林业合作组织而言，如果政府的角色依据杜伯哈什的理论简单的定位为"积极态度"还欠精确。正如上文论述到的，由于林业产业弱质性和林业生产的特殊性，林业合作组织比一般的农村合作经济组织更需要政府的扶持和帮助。特别是以福建为代表的南方集体林区广泛开展的集体林权制度改革造成千家万户林农分散经营的不利局面，新时期林业发展急需要广大林农以亲情、友情、资金为纽带建立股份制、合作制林场，实行林业的规模化经营。此外，随着改革的不断深入，原有的政府部门的服务职能逐渐消失，急需要建立各种类型的服务性行业协会来为林农提供服务。为弥补林农个人意识的不足，政府应该作为第一推动力积极促进林业合作组织的成立和发展。因此，我们运用卡斯尔曼的理论，在我国林业合作组织的发展过程中，政府恰如其分的定位是采取"比较热情"的态度。

1.3.3 林业协会

1.中国林业产业联合会

中国林业产业联合会是由国内从事森林培育、林木种苗、林特产品采集加工、木材生产、人造板、林产化工、木浆造纸、林业机械、森林旅游、森林食品和药材等国有、集体、民营、股份制、合资的生产、经营、科研、教学具有独立法人资格的企事业单位、社会团体及个人自愿组成的非营利性的行业性社会团体。联合会的具体业务由国家林业局归口管理。

2.中国林业工程建设协会

中国林业工程建设协会是经国家经委以"经体[1985]819号文"批准正式成立的，原名称为"中国林业工程建设管理协会"，并于1987年3月25日在南宁市召开了成立大会，会上一致通过了《中国林业工程建设管理协会章程》和《协会经费管理办法》，选举了协会领导成员，确定了秘书处负责人员，同时还审议了协会1987年工作要点。第二届理事会成立于2002年3月，第三届理事会成立于2011年5月。

3.中国林业与环境促进会

中国林业与环境促进会是由国家林业局、国家环保总局、中国科学院等单位共同发起，1995年在民政部正式登记注册的全国性非盈利社会团体。致力于团结林业界与环境科学界有关单位和个人，并同经济发展决策部门紧密联系，共同研究林业生态建设，以及合理利用资源和保护环境的理论和实践问题，以促进国家经济的可持续发展。

4.中国林业机械协会

中国林业机械协会，简称林机协会，成立于1987年，主管部门为国家林业局，登记机关为国家民政部，设有小型动力机械及工具分会、营林机械分会、人造板机械分会、木材采运机械分会、木材加工机械分会、林业工具与木工刀具分会、园林机械分会、竹工机械分会、森林保护机械分会9个分支机构，以及代表机构上海办事处。

1.3.4 其他服务实体

目前。全国林业管理、林业科研、林业种植、新品种培育推广、苗木经销业企业共2万多家，详情请参阅《林业企业名录》。

第 2 章　苗业供给服务

第2章 苗木供给服务

2.1 苗木销售与买卖

1.什么是苗木与种苗？

苗木是具有根系和苗干的树苗。凡在苗圃中培育的树苗不论年龄大小，在未出圃之前，都称苗木。苗木种类：实生苗、营养繁殖苗、移植苗、留床苗。苗木还可以按照乔灌木分类，一般在北方乔木苗比较多，南方灌木比较多，这主要是由于生长气候所决定的。

种苗就是指种子播种发芽后，一般生长到两对真叶，以长到丰满盘为标准，到适合移植到其他环境生长幼小植株。一两年生花卉种苗是指种子在穴盘中发芽后，一般生长到一个月左右，以长到丰满盘为标准，到适合移植到其他容器中生长这一阶段的苗子。

种苗一般有单茎植物；还有嫁接类植物，就是指嫁接后育出的种苗成形；还有通过组织培养形成的种苗。

2.常见苗木销售方式有哪些？[①]

1) 出售给园林绿化施工企业。

2) 出售给政府机关单位、园林局、公园、高速公路等绿化单位。

3) 出售给新建的需要绿化的厂区、开发商。

4) 出售给苗圃。有些苗圃需要中小规格的苗木，以培养更大规格的苗木。

5) 出售给各地的绿化苗木中介。

6) 出售给苗木配送公司或苗木经纪人等。

7) 在有关苗木网站上广泛发布信息（如中国园林网），说明苗木规格、品种、价格、质量、数量。以吸引客户。

8) 自己做苗木中介、绿化苗木经纪人，为自己销售的同时也可以为别人代销。

3.苗木信息获取渠道有哪些？

(1) 网站

1) 国家苗木信息网（http://mmxx.forestry.gov.cn）。

---

① 资料来源：中国花木网。

2）国家种苗网（http://www.lmzm.org）。

3）中国苗木网（http://www.miaomu.com）。

4）中国花木网（http://www.huamu.com）。

5）中国花卉网（http://www.china-flower.com）。

6）青青苗木网（http://www.77miaomu.com）。

（2）期刊

1）《现代园艺》（CN36-1287/S）。

2）《花木盆景》（CN42-1014/S）。

4.什么是苗木买卖合同？

买卖合同是出卖人转移苗木的所有权于买受人，买受人支付价款的合同。

5. 苗木买卖合同一般规定哪些内容？

1）当事人的名称或者姓名和住所（应以营业执照名称为准，自然人以居民身份证的名字为准）。

2）标的（应写全称，不能简写，品种、规格、型号、等级、花色等要写具体）。

3）数量（必须填写，不得含糊）。

4）价款或报酬（双方协商决定）。

5）质量（产品的质量标准须按《中华人民共和国标准化法》规定执行，没有国家标准的要按企业标准签订，当事人有特殊要求的由双方协商签订）。

6）履行期限、地点和方式。

7）违约责任（按合同法规定）。

8）解决争议的方法（可由仲裁委员会仲裁或由法院解决）。

另外，还可以规定包装方式、检验标准和方法、结算方式、合同使用的文字及其效力等条款。

6. 苗木买卖合同会存在哪些漏洞及欺诈？

(1) 主体没有订立合同的资格，没有实际履行能力

在现实苗木生活中，经常出现的合同欺诈行为就是订立合同的主体没有订立合同的资格，根本没有履行能力。这种情况主要出现在以法人及其他组织为一方当事人之间订立的合同中间，主要表现形式为：

1）订立合同的一方根本没有提供法人资格证明；

2）合同一方虽提供了企业法人营业执照，但为副本或复印件，其实为伪造的证明；

3）合同一方提供了正式的企业法人营业执照但虚报注册资本，无实有资金，并没有实际履

行能力；

4）合同一方在订立合同时虽提供了企业法人营业执照，但因未参加工商局年检已被吊销营业执照。

（2）代理人超越代理权限，以被代理人名义签订买卖合同

在买卖合同的签订中，经常有代理人以被代理人名义签订合同的情况，在被代理人授权范围内，代理人所签订合同的权利义务应由被代理人承受。但代理人超越代理权或代理权授权期限已届满后所订立的合同，未经被代理人追认，由行为人承担。根据《民法通则》有关规定有可能会给合同另一方当事人造成损失。

（3）标的物为法律禁止或限制流通物

在买卖活动中当事人不了解买卖物品在法律上有无限制、禁止买卖的规定，盲目签订合同却因标的物为法律禁止流通物或限制流通物，而导致合同的无效。

（4）买卖合同的内容中出现漏洞导致权利得不到保护

买卖合同中经常出现因为对业务不熟悉或者谈判经验不足而在合同内容中出现漏洞，常见漏洞有：质量约定不明确、履行地点不明确、付款期限不明确、违约责任不明确、付款方式不明确、履行方式不明确、计量方法不明确、检验标准不明确。以上漏洞多出现在合同主文内容缺少或者约定不明，使用字眼双方有争议等情况。

（5）在买卖合同中的恶意履行

签订了一份内容齐备、详尽完善的合同并不代表没有任何风险，在实际履行中有可能出现恶意履行的情况，一般有：借口产品质量差而拒付货款、产品有质量问题而故意不告知、在发生多交货时不予通知、在对方履行不符合约定时不及时采取措施避免或减少损失的发生。

7. 订立苗木买卖合同需要注意什么？

（1）订立合同前应尽可能了解对方当事人的有关信息

订立合同前应对对方的法律地位、经营范围、资信状况以及近期的经营业绩、商业信誉进行必要的考察，如当事人自己进行了解有困难，可以向对方当事人所在地的工商部门进行查询，并且可以通过对方同行业或相关企业进行了解。

（2）对代理人签订合同应对其代理权进行了解

对于对方业务员或经营管理人员代表其单位订立的合同，应注意了解对方的授权情况，包括授权范围、授权期限、所开立介绍信的真实性，对非法定代表人的高级管理人员，如副总经理、副董事长等，应了解其是否具有代表权。

（3）注意提高具体业务人员及领导人的素质

在合同订立过程中许多漏洞的出现是由于经办人对业务不熟悉，因此应注意提高业务人

员及领导人员的业务能力及素质，以保护自己的利益。掌握本行业相关法律法规，了解法律是否对该交易行为有禁止或限制性规定。对专业性较强的合同可以让律师等法律专业人员提供帮助。

（4）合同订立应采取书面形式并使用比较标准的合同范本

我国《合同法》虽然允许采用书面形式、口头形式和其他形式，但因为非书面形式在发生纠纷时不好确定责任，也为防止被人利用进行欺诈，订立合同应尽量采用书面形式。同时订立合同时应尽量参照合同范本，并结合具体情况订立。内容应尽量详尽、明确。我国工商行政管理机关颁布有标准的合同范本可以进行参照，若有条件可以由工商行政管理机关对合同进行鉴证，一方面可以对内容进行把关，另一方面也可以增强合同的严肃性和可信度。

（5）对恶意履行的防范

对合同进行恶意履行的情况非常复杂，但在订立合同时如能进行积极的事前防范将极大地减少合同风险。例如，对对方当事人的资信有所怀疑，应尽可能要求对方提供担保。另外在合同履行中出现问题，应积极主张自己的权利，并保留相关证据。积极行使诉讼权通过人民法院保护自己的权利，以免因为超过诉讼时效而蒙受损失。

另外，应写清合同的签约地点、交货地点；出了纠纷由哪里的仲裁委员会仲裁或由哪里的法院受理，这些可由双方协商填写。

8. 未来十年绿化苗木的主打品种有哪些？[①]

从苗木需求类型来看，镇村绿化用的苗木品种大都是适应性强的乡土树种，本着"好栽、好活、好管、好看"的原则，对于绿化树种的规格和品质上的要求相对城市绿化会宽松一些。

（1）西南地区中低档树种及造林苗缺口大

西南地区未来几年的绿化需求还很大，尤其以重庆、成都、云南最为突出。重庆在打造森林城市过程中，园林绿化投资额每年都在 100 亿元以上，未来 4 年累计将超过 500 亿元。重庆城区通常选用高档桂花、银杏、香樟等；城市外围则强调绿植量，会使用中低档次的苗木，如栾树、水杉、朴树、杨树等。其使用量非常大，也是目前缺口较大的一部分树种。

成都的城市建设目标是打造世界现代田园城市，因此总体绿化用苗趋势是品种多样，更趋近于自然植物群落配置。就目前绿化情况来看，中低档次的中等规格苗木市场缺口较大，比如胸径 8cm 左右的天竺桂、香樟、栾树、樱花等，这类苗木主要使用在通道绿化上。

云南的城市建设目标定位为生态城市。由于云南的气候条件不是特别适宜树种生长，所以其绿化建设所需的大部分苗木都需要从外部调入，是比较大的苗木需求方。云南的生态城市建设，主要有两个方面的工作：一是荒山绿化、造林力度逐渐加大，未来造林苗很可能出现短缺；

[①]　资料来源：国家苗木信息网。

二是城市提质、滇池周围改造项目等，对景观苗木的需求也很大。目前云南地区常用的乡土乔木树种有云南樱花、滇朴、滇润楠、黄连木。

(2) 环渤海地区绿化持续升温

环渤海地区在未来很长一段时间内将是苗木需求的热点，其中天津最引人注目。目前在建的天津大道和海滨大道，其苗木采购量堪称天津园林绿化历史之最。天津大道是连接市区与滨海新区的快速通道，绿化工程投资 9 亿元，是天津市有史以来投资额最大的单项工程。

目前，天津滨海新区各个功能区也已经进入全面建设阶段。如此大规模的绿化建设，对苗木的需求量非常大。未来 5 年内，在 800km^2 建设范围内，初步估计每年的绿化建设面积将在 1000 万平方米以上，年均绿化投资将超过 20 亿元。

由于天津等环渤海地区的土壤盐碱化问题突出，当地的苗木基地十分有限，大部分用苗需从外省调入。适宜这一地区的常绿树种有龙柏、黑松、雪松、白皮松、桐柏等；落叶乔木有 107 杨、白毛杨、白蜡、银杏、千头椿、臭椿、合欢、垂柳、白柳、榆叶梅、侧柏等。另外，国务院正式批复《黄河三角洲高效生态经济区发展规划》，这标志着黄河三角洲地区的发展上升为国家战略。新经济区主打生态牌，因此它将会成为继天津滨海新区之后，环渤海地区绿化的又一个推动力。

(3) 西北绿化市场空间大后劲足

目前来看有三大动力拉动西北园林绿化建设。第一，《关中—天水经济区发展规划》的出台，对陕西和甘肃乃至整个西北地区的发展都具有重要意义。第二，作为关中—天水经济区的核心，西安市将着力打造国际性大都市，并做大做强周边城市。为此，配套的城市建设、生态环境建设投入都将加强。第三，甘肃兰州的"创园"工作正在进行，申报国家园林城市，目前市政道路绿化、公园绿地建设等对绿化苗木需求量很大。其他如陕西宝鸡、延安，宁夏石嘴山，青海西宁、三江源等也对苗木需求较大。

未来，这一地区的绿化对苗木规格要求越来越大，落叶乔木要胸径 10cm 以上，常绿乔木、针叶类提升到高 5～8m、胸径 10cm 以上，而且树冠、树形要好。常规品种国槐、法桐、银杏、三角枫、五角枫、栾树、垂柳、金丝柳、白皮松、七叶树、白蜡、樱花、西安桧、大叶黄杨等，未来需求空间还很大。另外，品种越来越丰富。乡土、适生彩叶树种将大量应用，容器苗的需求量也非常大，用于立体绿化的藤本植物需求旺盛。

9. 购买苗木需要注意哪些问题？

我国目前种苗市场缺乏规范，经营混乱，种苗贩子为牟取暴利，打着各种招牌，欺骗假冒，吹嘘自己卖得是奇、特、优、新品种，其实很多都是普通品种的异名。同时，苗木经过往返长途运输，大多失水、受损。栽植后难以成活。为了保证品种的相对纯正，提高成活率，防止上当受骗，在购苗时要注意以下几点。

(1) 要从信誉度高的单位购苗

私人小规模贩苗，难以保证品种纯度和苗木质量，一般不可信赖。相对而言，国家正规科研单位或是信誉比较好的苗圃或公司，质量多有保障。一旦苗木出现问题，也可以找到卖方解决。

(2) 要买自己熟悉的品种

市场苗木品种繁多，很多是同物异名，容易鱼目混珠，使人眼花缭乱，摸不清真相，上当受骗。因此，购买自己熟悉的品种，或直接到有母本园的育苗单位现场购苗，才能有把握，购到真品种。

(3) 购苗要三看

1) 看苗木新鲜度。所谓新鲜苗木，出圃周期短，叶片、根系新鲜有光泽，没有变色、皱缩、萎蔫、干枯、腐烂现象。如果叶片失绿出现皱缩卷筒，枝条产生皱皮，根系失水干枯，多为苗木出土时间长，植株失水多，根系已死亡，栽后很难恢复生长。

2) 看苗木质量。选优质苗除品种纯正外，还要枝干粗壮，多分枝，枝叶无病虫损伤，根系发达，主、侧根完整，损伤少，须根多。只有断头根、脱皮根，没有须根，多为扯出来的苗木，栽后吸收水分困难，容易死亡。

3) 看芽的发育情况。不同温度带地区的苗木，发芽早晚不同，要根据种植时间选购苗木。一般深休眠的苗木，栽后成活率较高。已萌芽长叶的苗木，栽后根系恢复生长慢，水分营养代谢失调，一般成活率较低。如平均气温在5℃以下，种植裸根常绿树苗难以成活，已发芽的黑松、马尾松、五针松裸根移栽很难成活。月季移栽不能晚于惊蛰，牡丹移栽要在秋分。所以，购苗要选择时间，已发芽抽梢的苗木不要购买，尤其是纯单芽和隐芽少的观花、观果苗，很难成活。

2.2 苗木生产许可与审批

1. 国家林木良种基地有哪些？

表2.1　第一批国家重点林木良种基地名单

所属区域、企业	良种基地数量	良种基地名称
北京市	1处	大兴区黄垡国家彩叶树种良种基地
河北省	4处	沧县国家枣树良种基地 威县国有苗圃国家杨树良种基地 平泉县七沟林场国家油松良种基地 木兰围场林管局龙头山国家落叶松良种基地

所属区域、企业	良种基地数量	良种基地名称
山西省	4处	吕梁林管局上庄国家油松良种基地 静乐县国家华北落叶松良种基地 吉县国家刺槐良种基地 汾阳市国家核桃良种基地
内蒙古自治区	5处	土默特左旗万家沟林场国家油松良种基地 宁城县黑里河林场国家油松良种基地 红花尔基林业局国家樟子松良种基地 喀喇沁旗旺业甸林场国家落叶松良种基地 巴林左旗乌兰坝林场国家落叶松良种基地
辽宁省	6处	清原县大孤家林场国家落叶松良种基地 本溪县清河城林场国家红松良种基地 北票市国家油松良种基地 抚顺县哈达林场国家长白落叶松良种基地 昌图县付家机械林场国家樟子松良种基地 岫岩县清凉山林场国家落叶松良种基地
吉林省	3处	永吉县国家落叶松良种基地 汪清林业局国家红松、云杉良种基地 柳河县五道沟国家日本落叶松良种基地
黑龙江省	4处	林口县青山国家落叶松良种基地 宁安市小北湖国家落叶松、红松良种基地 安达市国家杨树良种基地 嫩江县高峰林场国家樟子松良种基地
上海市	1处	上海市国家东方杉良种基地
江苏省	3处	泗洪县陈圩林场国家杨树良种基地 溧阳市龙潭林场国家板栗良种基地 邳州市国家银杏良种基地
浙江省	6处	龙泉市林科所国家杉木良种基地 杭州市余杭区长乐林场国家杉木、火炬松良种基地 淳安县姥山林场国家马尾松良种基地 安吉县刘家塘林场国家金钱松良种基地 金华市东方红林场国家油茶、油桐良种基地 开化县林场国家杉木良种基地

续表

所属区域、企业	良种基地数量	良种基地名称
安徽省	5处	黄山市林科所国家油茶、马尾松良种基地 六安市裕安区国家马尾松良种基地 全椒县瓦山林场国家马尾松、马褂木良种基地 绩溪县镇头林场国家光皮桦良种基地 休宁县西田林场国家杉木良种基地
福建省	6处	福建省洋口林场国家杉木良种基地 漳平市五一林场国家马尾松良种基地 邵武市卫闽林场国家杉木、马尾松良种基地 沙县官庄林场国家杉木、马尾松良种基地 尤溪县尤溪林场国家杉木良种基地 仙游县溪口林场国家福建柏、马尾松良种基地
江西省	6处	信丰县林木良种场国家杉木良种基地 吉安市清原区白云山林场国家杉木、湿地松良种基地 安福县武功山林场国家杉木、火炬松良种基地 抚州市林科所国家马尾松、油茶良种基地 省林科院国家油茶良种基地 中国林科院亚热带林业实验中心油茶良种基地
山东省	5处	冠县国有苗圃国家杨树良种基地 宁阳县高桥林场国家杨树良种基地 费县大青山林场国家刺槐良种基地 金乡县白洼场国家白榆良种基地 乳山市垛山林场国家刺柏、黑松良种基地
河南省	5处	郏县国有林场国家侧柏良种基地 桐柏县毛集林场国家马尾松良种基地 卢氏县东湾林场国家油松良种基地 泌阳县马道林场国家火炬松良种基地 辉县市白云寺林场国家油松良种基地
湖北省	5处	建始县长岭岗国家日本落叶松良种基地 恩施市铜盆水林场国家杉木良种基地 阳新县七峰山林场国家杉木良种基地 荆门市彭场林场国家湿地松良种基地 利川市国家水杉良种基地

所属区域、企业	良种基地数量	良种基地名称
湖南省	6处	汨罗市桃林林场国家湿地松、油茶良种基地 靖州县排牙山林场国家杉木良种基地 城步苗族自治县林木良种场国家马尾松良种基地 浏阳市国家油茶良种基地 攸县林科所国家杉木良种基地 会同县国家杉木良种基地
广东省	6处	乐昌市龙山林场国家杉木良种基地 广东省龙眼洞林场国家相思、红椎良种基地 台山市红岭国家湿地松、杂交松良种基地 信宜市林科所国家马尾松良种基地 湛江市良种场国家加勒比松良种基地 英德市林业苗圃场国家火炬松良种基地
广西壮族自治区	5处	广西东门林场国家桉树良种基地 融安县西山林场国家杉木良种基地 南宁市林科所国家马尾松良种基地 藤县大芒界国家马尾松良种基地 全州县咸水林场国家杉木良种基地
海南省	1处	临高县林木良种场国家加勒比松、相思良种基地
重庆市	3处	南川区国家马尾松、杉木良种基地 南岸区长生林场国家马尾松、杉木良种基地 酉阳县林木良种场国家马尾松良种基地
四川省	6处	高县月江森林经营所国家杉木良种基地 富顺县林场国家马尾松良种基地 洪雅县林场国家杉木、柳杉良种基地 筠连县国家杉木良种基地 三台县金鼓国家柏木良种基地 蓬安县白云寨林场国家柏木良种基地
贵州省	5处	黎平县东风林场国家杉木良种基地 黄平县林场国家马尾松良种基地 都匀市马鞍山林场国家马尾松良种基地 威宁县国家华山松良种基地 平坝县国家华山松良种基地

所属区域、企业	良种基地数量	良种基地名称
云南省	4处	弥渡县国家云南松良种基地 沾益县九龙山苗圃国家核桃、板栗良种基地 屏边县国家秃杉良种基地 景洪市普文试验林场国家思茅松良种基地
陕西省	6处	延安市桥山林业局国家油松良种基地 陇县八渡林场国家油松良种基地 洛南县古城林场国家油松良种基地 周至县厚畛子林场国家落叶松、油松良种基地 榆林市国家樟子松良种基地 商洛市国家核桃良种基地
甘肃省	4处	庆阳市中湾林场国家油松良种基地 小陇山林业局沙坝国家落叶松、云杉良种基地 张掖市龙渠国家青海云杉、祁连圆柏良种基地 清水县国家刺槐良种基地
青海省	2处	大通县东峡林场国家青海云杉良种基地 互助县北山林场国家祁连圆柏良种基地
宁夏回族自治区	2处	中宁县国家枸杞良种基地 灵武市国家沙生灌木良种基地
新疆维吾尔自治区	6处	阿克苏实验林场国家核桃、枣树良种基地 哈密林场国家落叶松良种基地 伊犁州林木良繁中心国家杨树、白榆良种基地 新疆林科院佳木试验站国家核桃、枣良种基地 于田县国有苗圃国家杏、核桃良种基地 泽普县国有林场国家枣树良种基地
内蒙古森工集团	1处	甘河林业局国家兴安落叶松良种基地
吉林森工集团	2处	露水河林业局国家红松良种基地 临江种苗示范中心国家红松、水曲柳良种基地
龙江森工集团	1处	带岭林业局国家红松、落叶松良种基地
大兴安岭林业集团	1处	技术推广站国家樟子松、落叶松良种基地 新疆生产建设兵团
新疆生产建设兵团	1处	农八师国家沙生树种良种基地

表 2.2　第二批国家重点林木良种基地名单

所属区域、企业	良种基地数量	良种基地名称
北京市	1处	北京市十三陵林场国家白皮松良种基地
河北省	4处	衡水市中心苗圃场国家白蜡良种基地 遵化市魏进河林场国家板栗良种基地 盐山县国家抗盐碱树种良种基地 河北省林木良种繁育中心国家榆树、核桃良种基地
山西省	4处	关帝山国有林管理局吴城国家油松良种基地 大同市长城山林场国家华北落叶松良种基地 太行山国有林管理局海眼寺林场国家油松良种基地 中条山国有林管理局国家华山松良种基地
内蒙古自治区	4处	内蒙古林木良种繁育中心国家沙生植物良种基地 包头市全巴图林场国家杨树良种基地 通辽市林研所国家杨树良种基地 杭锦旗国家柠条、锦鸡儿良种基地
辽宁省	3处	桓仁县老秃顶子国家落叶松良种基地 凌海市红旗林场国家油松、刺槐良种基地 辽宁省森林经营研究所国家红松、落叶松良种基地
吉林省	4处	四平市石岭国家落叶松良种基地 吉林省林木种苗繁育推广示范中心国家杨树良种基地 通化县三棚林场国家红松良种基地 龙井市开山屯国家红松良种基地
黑龙江省	4处	黑龙江省森林与环境科学研究院国家杨树、樟子松良种基地 五常市宝龙店国家落叶松良种基地 黑龙江省林木良种繁育中心国家落叶松、红松良种基地 佳木斯市孟家岗林场国家红松、落叶松良种基地
江苏省	3处	江都市江都镇国家柳树良种基地 靖江市国家中山杉良种基地 吴江市苗圃国家耐水湿树种良种基地
浙江省	4处	庆元县国家珍贵树种良种基地 兰溪市苗圃国家木荷、马尾松良种基地 天台县华顶林场国家黄山松良种基地 舟山市林科所国家海岛特色树种良种基地
安徽省	2处	泾县马头林场国家湿地松、火炬松良种基地 祁门县林场国家枫香良种基地

续表

所属区域、企业	良种基地数量	良种基地名称
福建省	4处	上杭县白砂林场国家马尾松、杉木良种基地 光泽县华桥林场国家杉木良种基地 霞浦县杨梅岭林场国家柳杉良种基地 安溪县白獭林场国家福建柏良种基地
江西省	4处	安福县陈山林场国家杉木良种基地 峡江县林木良种场国家松类、油茶良种基地 永丰县官山林场国家枫香、楠木良种基地 安远县牛犬山林场国家杉木良种基地
山东省	4处	山东省林科院国家白蜡良种基地 乐陵市国有园艺场国家枣树良种基地 山东省林木种质资源中心国家珍稀树种良种基地 东营市试验林场国家白蜡良种基地
河南省	2处	温县国家毛白杨良种基地 洛宁县国家核桃良种基地
湖北省	4处	麻城市五脑山林场国家油茶良种基地 太子山林管局国家马尾松良种基地 湖北省林科院石首国家杨树良种基地 兴山县国家核桃良种基地
湖南省	4处	桂阳县国有苗圃国家马尾松良种基地 桃源县国家湿地松良种基地 安化县林科所国家马尾松、杜仲良种基地 资兴市天鹅山林场国家杉木良种基地
广东省	2处	韶关市曲江区小坑林场国家杉木、油茶良种基地 江门市新会区国家相思良种基地
广西壮族自治区	4处	广西林科院国家油茶、红锥良种基地 派阳山林场国家马尾松、八角良种基地 贵港市覃塘林场国家马尾松良种基地 岑溪市国家油茶良种基地
重庆市	2处	大足县国家香樟、光皮树良种基地 万州区国家木姜子良种基地
四川省	4处	高县来复森林经营所国家马尾松良种基地 凉山州国家油橄榄良种基地 通江县林科所国家银杏良种基地 广元市朝天区林科所国家核桃良种基地

所属区域、企业	良种基地数量	良种基地名称
贵州省	2处	天柱县国家油茶良种基地 赫章县国家核桃良种基地
云南省	2处	马关县俴洒国家杉木良种基地 楚雄市紫溪山林场国家华山松良种基地
西藏自治区	1处	西藏自治区林科院国家杨树、柳树良种基地
陕西省	3处	安康市汉滨区国家油茶良种基地 宜君县国家核桃良种基地 略阳县国家杜仲良种基地
甘肃省	4处	徽县国家侧柏良种基地 武威市良种繁育中心国家杨树、樟子松良种基地 天水市麦积区码头苗圃国家杨树良种基地 瓜州县国家胡杨良种基地
青海省	2处	西宁市湟水林场国家杨树良种基地 黄南州麦秀林场国家紫果云杉良种基地
宁夏回族自治区	2处	宁夏林木良种繁育中心国家杨树良种基地 六盘山林业局二龙河国家华北落叶松良种基地
新疆维吾尔自治区	4处	青河县林管站国家大果沙棘良种基地 吉木萨尔县林木良种试验站国家榆树、沙棘良种基地 尼勒克林场国家天山云杉良种基地 玛纳斯县平原林场国家杨树、榆树良种基地
中国内蒙古森林工业集团有限责任公司	1处	乌尔旗汉林业局国家兴安落叶松良种基地
中国吉林森林工业集团有限责任公司	1处	三岔子林业局国家红松良种基地
中国龙江森林工业（集团）总公司	3处	黑龙江省林科院国家落叶松良种基地 苇河林业局国家红松、落叶松良种基地 桦南林业局国家樟子松、落叶松良种基地
中国林业科学研究院	2处	中国林业科学研究院湛江国家桉树良种基地 中国林业科学研究院凭祥国家西南桦、柚木良种基地
东北林业大学	1处	东北林业大学国家白桦良种基地

2. 苗木生产、经营许可证如何办理?

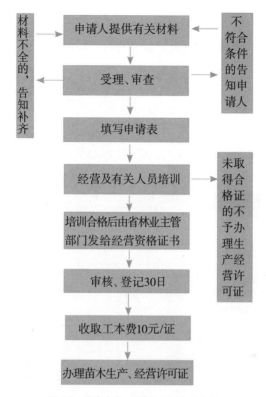

图 2.1　苗木生产、经营许可证办理流程

3. 林木种子经营许可证如何核发?

(1) 实施机关

国家林业局。

(2) 承办机构

国家林业局国有林场和林木种苗工作总站。

(3) 依据

1)《中华人民共和国种子法》(中华人民共和国主席令第三十五号，2015 年 11 月 4 日公布)。

2)《林木种子生产、经营许可证管理办法》(国家林业局令第 5 号，2002 年 11 月 2 日公布)。

(4) 条件

1) 申请人资格条件。

① 实行选育、生产、经营相结合，注册资本金在人民币 2000 万元以上的林木种子公司。

② 从事林木种子进出口业务的公司。

2) 申请人需提交的材料。

① 相应的《林木种子生产经营许可证》申请表。

《林木种子生产经营许可证》申请表

种子专用

生产经营者			法定代表人		
经营方式			生产面积		
注册地址					
经营地址					
联系人			联系电话		
经营种子种类					
良种生产	基地类型	良种名称	树龄	面积(亩)	生产地点
	种子园				
	母树林				
	采穗圃				
	品种审(认)定编号				
非良种生产	树种(品种)名称				
	采种林分或采穗圃所在地点及面积				
对外贸易经营者备案登记表编号					
种子检验储藏、加工、精选设施设备等情况简介					
检验等生产技术人员	姓名	性别	学历	职称	专业技术水平说明
审核(批)机关填写	审核意见	审核机关负责人(签字) 审核机关(盖章) 年 月 日			
	审批意见	审批机关负责人(签字) 审核机关(盖章) 年 月 日			
	经办人				

填写说明:

1.经营方式:按批发、零售、进出口3项填写。

2.经营种子种类:经营林木良种种子的,填写要具体到品种,品种名称应与良种证书上的名称一致,且应注明品种审(认)定编号。经营非良种林木种子的,填写要具体到树种(品种)。从事进出口的，填写要具体到树种。申请表上应列出所有经营的树种（品种）。如果树种（品种）较多，可以附表。树种含花卉、草种。

3. 良种生产地点：要具体到地块，应列出所有生产地点。

4. 采种林分或采穗圃所在地点：要具体到地块，应列出所有生产地点。

5. 对外贸易经营者备案登记表编号：从事林木种子进出口的需填写。

6. 种子检验、储藏、加工、精选设施设备等情况简介：分别填写种子冷库（常温库）的地点、面积、储备能力、有关设备名称等内容。

7. 检验等生产技术人员：学历、职称、专业技术水平说明三者具备其中之一即可。专业技术水平说明填写从事林木种苗工作的年限或参加相关种苗技术培训的经历。

《林木种子生产经营许可证》申请表

苗木专用

生产经营者			法定代表人			
经营方式			生产面积			
联系人			电 话			
注册地址						
经营地址						
生产地点						
经营苗木种类						
主要树种（品种）						
对外贸易经营者备案登记表编号						
检验等生产技术人员	姓名	性别	学历	职称	专业技术水平说明	
审核（批）机关填写	审核意见	审核机关负责人（签字） 审核机关（盖章） 年 月 日				
	审批意见	审批机关负责人（签字） 审核机关（盖章） 年 月 日				
	经办人					

填写说明：

1. 经营方式：按批发、零售、进出口 3 项填写。

2. 生产地点：具体到村，应列出所有生产地点。

3. 生产经营苗木种类：造林苗木、经济林苗木、城镇绿化苗木、花卉的其中一种或几种。

4. 主要树种（品种）：生产经营林木良种和从事进出口的需填写，生产经营林木良种的，填写要具体到品种，品种名称应与良种证书上的名称一致，且应注明品种审（认）定编号。从事进出口的，填写要具体到树种。申请表上应列出所有生产经营的树种（品种），如果树种（品种）较多，可以附表。树种含花卉、草种。

5. 对外贸易经营者备案登记表编号：从事苗木进出口的需填写。

6. 检验等生产技术人员：学历、职称、专业技术水平说明三者具备其中之一即可。专业技术水平说明填写从事林木种苗工作的年限或参加相关种苗技术培训的经历。

② 经营场所使用证明、照片和资金证明材料。其中经营场所包括办公场所和生产基地，生产基地的使用期限不得少于林木种子经营许可证有效期限；林木种子经营许可证在有效期限内，需要变更许可证注明项目的，应申请办理变更手续，并提供相应的项目变更证明材料；有效期限届满申请延续的，适用以上生产基地使用期限和许可证注明项目变更的规定，并提供种子来源和销售去向档案复印件和标签原件。

③ 林木种子加工、包装、贮藏设施设备（经营籽粒、果实等有性繁殖材料的，有种子冷藏设施）和林木种苗检验仪器设备所有权或使用权证明和照片；委托其他种苗质量检验机构代为检验的，应出具委托检验书原件和受委托的种苗质量检验机构资质证明。

④ 林木种子检验、储藏、保管等技术人员资质证明，法定代表人身份证明。

⑤ 申请领取选育、生产、经营相结合的林木种子经营许可证的，应提供自有品种的证明或选育目的品种情况介绍。

3）准予行政许可需具备的条件。

① 具有与经营林木种子的种类和数量相适应的资金。

② 具有与经营林木种子的种类和数量相适应的经营场所。

③ 具有必要的经营设施。

④ 具有经省级以上人民政府林业行政主管部门培训合格取得资格证书的林木种子检验人员，和经县级以上人民政府林业行政主管部门培训合格取得资格证书的林木种子加工、贮藏、保管技术人员。

经营籽粒、果实等有性繁殖材料的，还应具备以下条件。

① 具有种子加工和烘干设备、贮藏设备，包括种子冷藏设施、种子精选机、种子包装机等。

② 具有恒温培养箱、光照培养箱、干燥箱、扦样器、天平、电冰箱等必要的种子检验仪器设备。

实行选育、生产、经营相结合，注册资本在2000万元以上的，还应具备以下条件。

① 有固定的种子繁育基地。

② 有 3 名以上经省级以上林业行政主管部门考核合格的种子检验人员。

(5) 数量

无数量限制。

(6) 程序

1）申请人向所在地省级林业行政主管部门申请；《林木种子经营许可证》有效期满后需要延期的，应在许可证有效期届满前两个月提出申请。

2）省级林业行政主管部门审核后报国家林业局。

3）审查合格的，由国家林业局向申请人核发《林木种子经营许可证》；审查不合格的，由国家林业局书面通知申请人并说明理由，告知复议或诉讼权利。

(7) 期限

20 日内，经批准可以延长 10 日。

(8) 收费标准和依据

1）收费标准：收取《林木种子经营许可证》工本费，每证 10 元。

2）收费依据。

①《中华人民共和国种子法》（中华人民共和国主席令第三十五号，2015 年 11 月 4 日公布）。

②《国家计委、财政部关于调整林木种子生产许可证和林木种子经营许可证工本费收费标准的复函》（计价格 [2002]2672 号）。

4. 向境外提供或从境外引进林木种质资源如何审批？

(1) 实施机关

国家林业局。

(2) 承办机构

国家林业局国有林场和林木种苗工作总站。

(3) 依据

《中华人民共和国种子法》。

(4) 申请人需提交的材料

1）《向境外提供林木种质资源申请表》或《从境外引进林木种质资源申请表》。

2）申请人所在地省级林业行政主管部门种苗管理机构的审核文件。

3）从境外引进林木种质资源的，应提交引进林木种质资源的用途、试验方案及所在单位出具的用途证明。

4）向境外提供林木种质资源的，应提供相关的项目或合同协议材料。

5）为境外制种引进林木种质资源的，应提交对外制种合同。

6）引进转基因林木种质资源的，应提交转基因生物进口批准文件；向境外提供转基因林木种质资源的，应符合进口国的要求，并提交国家林业局核发的林业转基因生物安全证明。

从境外引进林木种质资源申请表

申请日期：年 月 日　　　　　　　　　　　编号：

申请单位 （个人）章			法定代表人或联系人	
地　　址			邮政编码	
E-mail			电话	
引进国家			出境口岸	
引进原因			引进单位 （个人）	
申请从境外引进林木种质资源清单	1. 树（品）种		学名		数量		单位	
	采集地点							
	栽植地点							
	2. 树（品）种		学名		数量		单位	
	采集地点							
	栽植地点							
	3. 树（品）种		学名		数量		单位	
	采集地点							
	栽植地点							
总外汇额			人民币（元）					
审核机关意见 负责人： 经办人： 年 月 日（章）			国家林业局审批意见 负责人： 经办人： 年 月 日（章）					

注：1. 本表一式三份，国家林业局、审核机关、申请单位（个人）各保留一份，字迹清楚, 涂改无效；

　　2. 编号由国家林业局填写。

向境外引进林木种质资源申请表

申请日期：　年　月　日　　　　　　　　编号：

申请单位 （个人）章				法定代表人或联系人			
地　　址				邮政编码			
E-mail				电话号码			
接受国家				出境口岸			
对外提供 原因				接受单位 （个人）			
申请向境外 提供林木种 质资源清单	1. 树（品）种		学名		数量		单位	
	采集地点							
	2. 树（品）种		学名		数量		单位	
	采集地点							
	3. 树（品）种		学名		数量		单位	
	采集地点							
	4. 树（品）种		学名		数量		单位	
	采集地点							
	5. 树（品）种		学名		数量		单位	
	采集地点							
审核机关意见 　　　　　负责人： 　　　　　经办人： 　　　年　月　日(章)				国家林业局审批意见 　　　　　负责人： 　　　　　经办人： 　　　年　月　日(章)			

注：1. 本表一式三份，国家林业局、审核机关、申请单位（个人）各保留一份，字迹清楚，涂改无效；

　　2. 编号由国家林业局填写。

(5) 数量

无数量限制。

(6) 程序

1）申请人向所在地省级林业行政主管部门提出申请。

2）省级林业行政主管部门审核后报国家林业局。

3）审查合格的。由国家林业局向申请人核发《向境外提供林木种质资源许可表》或《从境外引进林木种质资源许可表》;《向境外提供林木种质资源许可表》或《从境外引进林木种质资源许可表》的有效期最长不超过 90 天；审查不合格的，由国家林业局书面通知申请人并说明理由，告知复议或诉讼权利。

(7) 期限

20 日内，经批准可延长 10 日。

(8) 收费标准和依据

不收费。

5. 采集或者采伐国家重点保护种质资源如何审批?

(1) 实施机关

国家林业局。

(2) 承办机构

国家林业局国有林场和林木种苗工作总站。

(3) 依据

《中华人民共和国种子法》(中华人民共和国主席令第三十五号，2015 年 11 月 4 日公布)。

(4) 条件

1）申请人资格条件。

因科学研究等特殊情况需要采集或采伐国家重点保护林木种质资源的单位和个人。

2）申请人需提交的材料。

①《采集或采伐林木种质资源申请表》。

采集或采伐林木种质资源申请表

申请日期：年　月　日　　　　　　　　编号：

申请单位 （个人）名称 （章）			法定代表人 （联系人）	
单位（个人） 地址			邮政编码	
E_mail			电话号码	
采集或采伐 原因				
申请采集或 采伐林木种 质资源清单	1. 树（品）种	学名	数量	单位
	采集或采伐地点		采集部位	
	采伐更新地点			
	更新方式		时间	数量
	2. 树（品）种	学名	数量	单位
	采集或采伐地点		采集部位	
	采伐更新地点			
	更新方式		时间	数量
	3. 树（品）种	学名	数量	单位
	采集或采伐地点		采集部位	
	采伐更新地点			
	更新方式		时间	数量
审核机关意见 负责人： 经办人： 年　月　日(章)			国家林业局审批意见 审批人： 经办人： 年　月　日(章)	

注：1. 本表一式三份，国家林业局、审核机关、申请单位（个人）各保留一份，字迹清楚，涂改无效；

　　2. 编号由国家林业局填写。

②采集或采伐林木种质资源的用途、具体地点、树种名称、采集部位和数量、采伐株数和恢复措施。

③个人申请的，应提供所在单位出具的用途证明。

④省级林业行政主管部门审核证明。

⑤有关专家的论证意见。

(5) 数量

有数量限制。采集数量或采伐株数以不影响该群体遗传完整性为准。

(6) 程序

1）向所在地省级林业行政主管部门申请。

2）省级林业行政主管部门审核后报国家林业局。

3）审查合格的，由国家林业局作出准予行政许可的决定，并通知申请人；审查不合格的，由国家林业局书面通知申请人并说明理由，告知复议或诉讼权利。

(7) 期限

20 日内，经批准可以延长 10 日。

(8) 收费标准和依据

不收费。

6. 国家级森林公园设立、撤销、合并、改变经营范围或变更隶属关系如何审批？

(1) 实施机关

国家林业局。

(2) 承办机构

国家林业局国有林场和林木种苗工作总站。

(3) 依据

1)《国务院对确需保留的行政审批项目设定行政许可的决定》(国务院令第 412 号)；

2)《国家级森林公园设立、撤销、合并、改变经营范围或变更隶属关系审批管理办法》(国家林业局令第 16 号，2005 年 6 月 16 日公布)。

(4) 条件

1）国家级森林公园设立。

①申请人资格条件：森林、林木、林地的所有者和使用者。

②申请人需提交的材料。

·申请文件（一式两份，原件）。

·森林、林木和林地的权属证明材料（一式两份，原件或复印件），证明申请人依法拥有对拟设立国家级森林公园范围内所有森林风景资源（包括森林资源、各类自然或人工的景观景物、设施、构筑物等）统一规划和经营管理的权利。

·符合规定的可行性研究报告（一式两份纸质文档，一份电子文档）。

·森林风景资源景观照片（一式一份）。

·森林风景资源影像光盘（一式一份）。

·经营管理机构职责、制度和技术、管理人员配置等情况的说明材料（一式两份）。

·所在地省级林业主管部门的书面意见（一式两份，原件）。

③准予行政许可需具备的条件。

·森林风景资源质量等级达到《中国森林公园风景资源质量等级评定》（GB/T 18005—1999）一级标准。

·拟建的森林公园质量等级评定分值 40 分以上。

·符合国家级森林公园建设发展规划。

·森林风景资源权属清楚，无权属争议。

·经营管理机构健全，职责和制度明确，具备相应的技术和管理人员。

2）国家级森林公园撤销。

①申请人资格条件：经正式批准设立国家级森林公园的单位、组织或个人。

②申请人需提交的材料。

·申请文件（一式两份，原件）。

·说明理由的书面材料（一式两份，原件），用以证明该国家级森林公园符合撤销条件的文字材料。

·所在地省级林业主管部门的书面意见（一式两份，原件）。

③准予行政许可需具备的条件。

·主要景区的林地依法变更为非林地的。

·经营管理者发生变更或改变经营方向的。

·因不可抗力等原因，无法继续履行保护利用森林风景资源义务或提供森林旅游服务的。

3）国家级森林公园合并。

①申请人资格条件：经正式批准设立的国家级森林公园的单位、组织或个人。

②申请人需提交的材料。

·申请文件（一式两份，原件），由合并国家级森林公园所涉及的申请人共同提交。

·合并后经营管理机构职责、制度和技术、管理人员配置等情况的说明材料（一式两份）。

·所在地省级林业主管部门的书面意见（一式两份，原件）。

③ 准予行政许可需具备的条件。

·符合国家级森林公园建设发展规划。

·符合国家级森林公园的森林风景资源质量等级标准。

4）国家级森林公园改变经营范围。

① 申请人资格条件：经正式批准设立的国家级森林公园的单位、组织或个人。

② 申请人需提交的材料。

·申请文件（一式两份，原件）。

·扩大经营范围的，应提供：

a. 森林、林木和林地的权属证明材料（一式两份，原件或复印件），以证明申请人依法拥有对拟新增范围内所有森林风景资源（包括森林资源、各类自然或人工的景观景物、设施、构筑物等）统一规划和经营管理的权利；

b. 新增范围内的森林风景资源调查报告（一式两份）；

c. 新增范围内的森林风景资源景观照片（一式一份）；

d. 新增范围内的森林风景资源影像光盘（一式一份）；

e. 新增范围后森林公园经营管理机构职责、制度和技术、管理人员配置等情况的说明材料（一式两份）。

·缩小经营范围的，应提供：

a. 拟减少范围在森林公园中的位置示意图（一式两份）；

b. 拟减少范围的景区景点现状图（一式两份）；

c. 该森林公园缩小经营范围后对森林风景资源质量影响的情况说明（一式两份）；

d. 所在地省级林业主管部门的书面意见（一式两份，原件）。

③ 准予行政许可需具备的条件。

·符合国家级森林公园建设发展规划。

·符合国家级森林公园的森林风景资源质量等级标准。

5）国家级森林公园变更隶属关系。

① 申请人资格条件：经正式批准设立的国家级森林公园的单位、组织或个人。

② 申请人需提交的材料。

·申请文件（一式两份，原件）。

·说明理由的书面材料（一式两份，原件），森林公园原隶属的上级主管部门同意的意见（一式两份，原件）。

·所在地省级林业主管部门的书面意见（一式两份，原件）。

③ 准予行政许可需具备的条件。

·符合全国林业发展总体规划。

·不影响森林风景资源的保护。

(5) 数量

1) 国家级森林公园设立：有数量限制。在全国国家级森林公园建设发展规划确定的总数范围内，无年度数量限制。

2) 国家级森林公园撤销、合并、改变经营范围或变更隶属关系，无数量限制。

(6) 程序

1) 申请人向国家林业局提出申请。

2) 实地考察和专家评审。国家级森林公园设立和改变经营范围需要实地考察和专家评审的，由国家林业局出具《国家林业局行政许可需要听证、招标、拍卖、检验、检测、鉴定和专家评审通知书》，并在规定时间内组织实地考察和专家评审。

3) 审查决定。经审查符合条件的，由国家林业局作出准予行政许可的决定；经审查不符合条件的，由国家林业局作出不予行政许可决定，说明理由并告知复议或诉讼的权利。

(7) 期限

20 日内，经批准可延长 10 日。

(8) 收费标准和依据

不收费。

7. 林木种子苗木进口如何审批？

(1) 实施机关

国家林业局。

(2) 承办机构

国家林业局国有林场和林木种苗工作总站。

(3) 依据

《中华人民共和国种子法》（中华人民共和国主席令第三十五号，2015 年 11 月 4 日公布）。

(4) 条件

1) 申请人资格条件：具有林木种子生产许可证或具备适宜培育、繁殖林木种子苗木的固定场所和必需设施。

2) 申请人需提交的材料。

①《林木种子苗木（种用）进口申请表》。

林木种子苗木（种用）进口申请表

申请单位				
地　址				
邮政编码		电话		进口口岸
进口代理单位				出口国家
物种（品种）名称		类别	数量	单位	最终用途
中文名称	拉丁学名或英文				
总外汇额 （美元）		人民币 （元）			
备注					

申请单位盖章：
年　月　日

②进口单位所在地省级林业行政主管部门林木种苗管理机构的审核文件，并附《种用证明》。

③进口合同复印件。

④种苗木质量说明，或在合同中有质量约定。

⑤由国家林业局委托的从事进口林木种子检验部门出具的《林木种子苗木质量检验受理单》。

⑥自行进口的单位或个人首次申领《国家林业局种子苗木进口审批表》时，需提交林木种子生产许可证和国务院林业行政主管部门核发的林木种子经营许可证复印件；无林木种子生产许可证的单位或个人需要提交培育、繁殖种子苗木的土地证明复印件。

⑦委托其他机构代理的，应提交委托权限明确的代理协议（委托书），并提供代理机构的林木种子经营许可证复印件。

3）准予行政许可需具备的条件。

①申请人具备本条第一款规定的申请条件。

②进口用途是以科研、栽培、繁殖为目的。

③ 进口的林木种子苗木质量，达到国家标准或行业标准；没有国家标准或行业标准的，可以按照合同约定的标准执行。

(5) 数量

有数量限制。进口审批物种种类和数量应在财政部、国家税务总局批准年度计划之内。

(6) 程序

1) 申请人向所在地省级林业主管部门提出申请。

2) 省级林业主管部门种苗管理机构审核后出具审核文件及《种用证明》报国家林业局。

3) 审查合格的，由国家林业局依法作出准予行政许可的决定，向申请人核发《国家林业局种子苗木（种用）进口许可表》，该表的有效期最长不超过 90 天；审查不合格的，由国家林业局书面通知申请人并说明理由，告知复议或诉讼权利。

(7) 期限

20 内日，经批准可延长 10 日。

(8) 收费标准和依据

不收费。

8. 国家林木种子质量检验机构资质如何考核？

(1) 实施机关

国家林业局。

(2) 承办机构

国家林业局国有林场和林木种苗工作总站。

(3) 依据

1)《中华人民共和国种子法》（中华人民共和国主席令第三十五号，2015 年 11 月 4 日公布。

2)《林木种苗质量检验机构考核办法》（林场发 [2003]131 号，2003 年 8 月 15 日）。

(4) 条件

1) 申请人需提交的材料。

① 国家林木种苗质量检验机构资质考核申请报告。

② 计量认证资格证明复印件。

③ 林木种苗质量检验人员的检验员证复印件、技术负责人学历证书和职称证书复印件、仪器设备一览表。

④ 工作制度。包括质量管理手册、各级人员岗位责任制度、检测事故分析报告制度、技术文件的管理和保密制度、检测工作质量申诉的收集和处理制度以及其他工作制度等。

质量管理手册内容包括：检验机构基本情况、质量方针和质量目标、对客户承诺、确定的质量管理体系、检验机构组织机构的描述、技术主管和质量主管的职责等项内容。

2）准予行政许可需具备的条件。

①人员条件：检验人员具有本科以上学历，技术负责人从事检验工作3年以上，并具有高级以上职称，检验人员经过培训、考核，持有林木种苗检验员证。

②基础设施：具有天平室、发芽室、软X射线室、净度分析室、标本室、贮藏室、准备室、档案室、生理生化室、水分测定室、遗传品质检测室、苗木检测室等。

③工作制度：具有详细的《质量管理手册》、岗位责任制度健全，有检测事故分析报告制度、实验室管理制度、内部工作文件（包括规章制度、检测实施细则或操作规程等）的制订颁发修改制度、技术文件的管理和保密制度、检测工作质量申诉的收集和处理制度和组织机构框图。

④检测能力及设备配备：具备以下检测能力，并配备与其相适应的设备。

·全国造林绿化树种种苗品种鉴别。

·种子质量检测：种子净度、千粒重、发芽率、发芽势、生活力、优良度、含水量、病虫害感染程度等。

·苗木质量检测：苗龄、苗高、地径、根系、苗木综合控制指标等。

（5）数量

无数量限制。

（6）程序

1）申请人向国家林业局提出考核申请。

2）国家林业局收到申请后，组成考核组，对申请进行审查。

3）审查合格的，由国家林业局颁发林木种苗质量检验机构资质证书；审查不合格的，由国家林业局书面通知申请人，并说明理由，告知复议或诉讼权利。

林木种苗质量检验机构资质证书有效期5年，有效期届满需要延期的，应在有效期届满前6个月提出考核申请。

（7）期限

20日，经批准可以延长10日。

（8）收费标准和依据

不收费。

第 3 章 林地流转服务

第 3 章　林地流转服务

3.1 林权登记

1. 什么是林地产权?

林地是发展林业的基础。根据《中华人民共和国森林法实施条例》第二条第四款的规定,林地包括郁闭度 0.2 以上的乔木林地竹林地,灌木林地疏林地,采伐迹地,火烧迹地,未成林造林地,苗圃地和县级以上人民政府规划的宜林地。

林地产权既包括林地所有权和使用权,又包括对依附于林地上的森林进行经营并获得收益的权利。林地作为农业用地的一种,其产权的确定对于森林经营起着关键的作用。而集体林区的林地产权除具有产权的一般特征,还具有它本身的特征,归纳如下:① 林地产权属于不动产性质;② 作为林地财产权的物质内容的林地资源的供给具有稀缺性的特点,因为相对于无限的需求来说,林地资源总是有限的;③ 相对稀缺的林地又具有可以重复使用的特性,林地不同于其他财产,会在一次使用中消耗。林地可以反复使用,如果使用与养护结合,则可以永久有效地使用下去;④ 与上述特点相联系的,林地还具有永久收益性特点。

2. 什么是林权证?

林权登记发证工作,是推进集体林权制度改革、解放和发展林业生产力的核心工作;是依法治林,加强森林资源保护管理的重要内容;是巩固林业生态建设成果的有力手段,也是构建和谐社会、建设社会主义新农村的基础保障。各级林业主管部门要充分认识林权登记发证的重要意义,在本级人民政府的统一领导下,认真履行职责,把加强和规范林权登记发证摆上重要工作日程。要明确工作机构,组织得力工作队伍,配备专职工作人员和必需的设备,将工作经费纳入本级财政预算,保障林权登记发证工作正常开展。各地在进行集体林权制度改革过程中,凡将林地使用权和林木所有权通过家庭承包方式落实到农户的,要依法及时进行林权登记,确保农民拥有长期而稳定的林地承包经营权。

林权证(如图 3.1 所示)是指县级以上地方人民政府或国务院林业主管部门依据《森林法》或《农村土地承包法》的有关规定,按照有关程序,对国家和集体所有的森林、林木和林地,个人所有的林木和使用的林地,确认所有权或使用权,并造册登记后发放的证书。林权证是确认森林、林木、林地所有权或使用权的唯一法律凭证,它在法律上具有继承权,贷款担保、抵押权,流转权,入股权,以及法律法规规定的其他权利。

图 3.1　林权证

3. 林权证有哪些作用？

集体林权制度改革的基础是确权发证。"确权"就是根据集体林权制度改革确权发证的办法、相关技术要求，明确森林、林木和林地所有权或使用权。"发证"对已明确了的林地、林木发放全国统一式样和编号新的林权证，其作用有以下几个方面。

1）林权证是保护林权证持有人的合法权益。现在林权证就像自己的房产证一样重要，它是林权权利人对自己的森林、林木和林地的所有权、使用权的唯一法律凭证。

2）林权证是调处林权纠纷的主要依据。如以后某片林子或林地发生林权纠纷，要判定这林木或者林地是谁的，首先要看这片林子、林地是登记在谁的林权证里。因为新的林权证登记内容非常详细。分别记着林地所有权权利人、林地使用权权利人、森林或林木所有权权利人、森林或林木使用权权利人、林地及其地上林木坐落、小地名、所在林班和小班、林地面积、主要树种、林木株数、林种、林地使用期、林地使用终止日期、林地四至及图表等，证内还设有变更登记各种事项，林木或者林地的归属就清楚了。

3）林权证是申请林木采伐的要件。本次林改确权发（换）新的林权证。以后对林木进行采伐,首先要凭林权证进行申请,林业主管部门在接到林木采伐申请后,要对申请采伐的林木确定所有权和使用权归谁,保证林木所有人的合法权益,申请人没有申请采伐林木的林权证,其采伐申请就不被批准。

4)林权证是征占林地获得补偿的唯一凭证。根据《森林法》《物权法》和《土地承包法》的规定,家庭承包经营的林地被依法征收的,承包经营权人有权依法获得相应的补偿。林地补偿费是给予林地所有人和林地承包经营权人的投入及造成损失的补偿,应当归林地所有人和林地承包经营权人所有。安置补助费用于被征林地的承包经营权人的生活安置,所以被征占用林地的补偿对象是林权证里记载的所有权人和使用权人。

5)林权证是林地流转的必备要件。林改后林地承包经营权人的林地承包经营权、林木所有权、集体经济组织的林地经营权、林木所有权可以转包、出租、转让、互换、入股、抵押等来提升林地和林木的价值,而林地承包经营权、林木所有权、集体经济组织的林地经营权、林木所有权的法律凭证也是林权证。因此,林权证是转包、出租、转让、互换、入股、抵押等流转必备要件。

4. 办理林权证需要向什么部门申请?

申请办理林权证一般的程序是,由使用者或所有者(权利持有人)向县级以上林业主管部门提出林权登记或变更登记申请,由该级人民政府登记造册,核发证书。具体来说,申请的部门有以下情况。

1)使用国务院确定的国家所有的重点林区的森林、林木和林地的单位,向国务院林业主管部门提出登记申请,并由该部门代理国务院直接核发证书。目前,国务院确定的国家所有的重点林区是指东北、内蒙古国有林区的国家重点森工企业的施业区。

2)使用国家所有的跨行政区域的森林、林木和林地的单位和个人,向共同的上一级人民政府林业主管部门提出登记申请,由该级人民政府发证。如某块森林跨同一市内的两个县。则应向该两县共同的上一级市林业主管部门提出申请,如果属于不同市的两个县,则应向共同的上一级某省或国务院林业行政主管部门申请核发林权证。

3)集体所有的森林、林木和林地,由村集体所有者向所在地的县级人民政府林业主管部门提出登记申请,这里的"所在地"是指森林、林木和林地的所在地。

4)单位和个人所有的林木,由所有者向其所在地的县级人民政府林业主管部门提出登记申请,由该县级人民政府发证确认林木所有权。

5)使用集体所有的森林、林木和林地的单位和个人,向其所在地的县级人民政府林业主管部门提出登记申请,由该县级政府发证确认使用权。

5. 什么是林权登记?

《林木和林地权属登记管理办法》第二条规定：县级以上林业主管部门依法履行林权登记职责。林权登记包括初始、变更和注销登记。

林权登记是指森林、林木和林地所有者和使用者，将归自己所有或者使用的森林、林木和林地的权利向县级以上人民政府报告、登记，并领取林权证的行为。林权登记包括初始登记、变更登记和注销登记。

（1）林权初始登记

指新造林地、新开发的宜林地或者没有进行过登记、没有申领过林权证的林地，初次向林权登记机关申请的登记。根据物权理论，初始登记又称第一次登记，是指登记机关为确立不动产管理秩序，在对不动产物权进行清理的基础上，对不动产权利人拥有的权利进行的第一次登记。对不动产权利人而言，其权利的第一次登记均为初始登记。

（2）林权变更登记

因森林、林木和林地的转让、抵押、出租等情况，林权登记的内容依法发生变更的，应当到林权初始登记的机关办理林权变更登记。林权证记载的内容有下列情形之一的，应当申请变更登记：①林权权利人发生变化的；②林地面积发生变化的；③林地使用期发生变化的；④林种、主要树种等记载内容发生变化的。林权权利人、利害关系人认为林权登记事项错误的，可以申请更正登记。林权权利人办理林权变更登记时，应当提交林权证和林权依法变更的有关证明材料。

（3）林权注销登记

因林地被依法征用、占用或者其他原因造成林权全部丧失的，应当到林权初始登记的机关办理注销登记，并交回林权证。其他原因包括户口迁移后丧失自留山使用权的，自然灾害造成林地、林木全部损毁的，林权权利人变成五保户的，经司法机关依法判决没收财产的等。

6. 哪些林地需要进行林权登记?

包括国家所有的和集体所有的森林、林木和林地，个人所有的林木和使用的林地。

1）国有部分：包括国有林业系统和国有非林业系统的所有有林单位。

2）集体部分：包括农村集体经济组织所有的、共有的、合资合作的森林、林木和林地。

3）个人部分：包括个人所有的林木和使用的林地，其中包括自留山、自留地内林木和房前屋后的林木。

4）林地地类：包括有林地、疏林地、苗圃地、灌木林地、采伐迹地、火烧迹地、未成林造林地和县级以上人民政府规划的宜林地。

5）林木：包括林业用地内的森林、林木和非林业用地内的四旁植树、农田林网；含所有鲜果经济林，此外还包括葡萄、枸杞、紫穗槐、柽柳等经济藤本作物和灌木。

7. 林权登记程序是什么?

林权登记流程有以下步骤，如图 3.2 所示。

1）林权权利人提出书面申请；

2）林权所有权单位签署意见；

3）乡（镇）林业工作站初审（必要时进行林权勘测。外业调查核实 10 个工作日）；

4）乡（镇）人民政府复审；

5）对林权登记内容进行公示（公告期 30 天）；

6）签订责任山合同；

7）县林权管理中心审核；

8）县人民政府审批；

9）核发林权证；

10）材料归档。

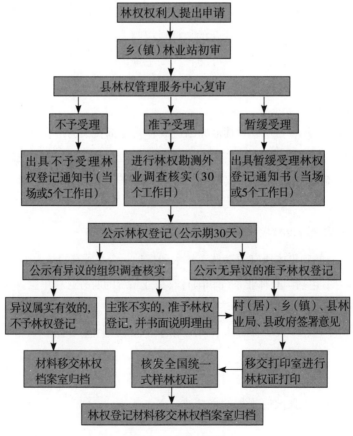

图 3.2　林权登记流程

8. 林权登记申请有哪些原则？

(1) 林权登记申请人

林权登记的申请人为林权权利人，可以是法人、集体经济组织、个人（自然人）。

(2) 林权登记申请的内容

包括对林地的所有权、使用权。对林木的所有权、使用权。

(3) 林权登记申请原则

原则上由林木所有者提出申请。林地所有权与林木所有权统一的，由林地所有者提出申请；林地所有权与林木所有权分离或林木共有的，由林木所有者（或共有者）提出申请，并附有林地所有者意见。申请林权登记时应提交原林权证、合同、协议等有关资料。

林权权利人为个人的，由本人或者其委托的代理人办理林权登记申请；林权权利人为法人的，由其法定代表人或者其委托的代理人办理林权登记的申请；林权权利人为其他组织的，由其单位负责人或者委托的代理人办理林权登记的申请。

1）集体、个人林权登记以宗地为基本单元。国有林权登记以小班为基本单元。拥有或使用两宗以上林地、林木的林权权利人，应分宗申请登记；两个以上林权权利人共同拥有或使用一宗林木或林地的，则由其签订的合同中权利或收益所占比例大的一方申请登记。

2）林权权利人跨行政区域经营森林、林木和林地，但各经营单元相对独立，没有跨越行政区域的，则按属地登记的原则申请登记。

3）地、树分离的，地是农村集体经济组织的，树是国家组织栽种的，一般为树随地走；政府另有规定或双方另有约定的，按其规定或约定执行。

4）政府组织的移民搬迁，移民仍对原森林、林木、林地保留所有权或使用权的，则仍由移民向接收移民的村委会申请林权登记（多指没有跨越行政区域的移民）；不保留对原森林、林木、林地的所有权或使用权的，则由政府移民有关政策规定的所有权或使用权单位进行申请登记。

5）集体所有的林地依法被全部征用或者农村集体经济组织所属成员依法成建制转为城镇居民的，其原有林地转为国有，由区县林业行政主管部门确定管护部门或单位，同时按国有林权申请登记；如果只有少部分转为城镇居民的，其原有森林、林木、林地的所有权和使用权，仍归原村委会，由村委会申请登记。

6）义务植树责任区，由其责任区所隶属的农村集体经济组织负责申请登记。双方另有合法协议或合同的，按协议或合同约定的权利，分别申请登记（包括他项权利）。

7）对于土地延包 30 年，实行树随地走或按收益比例分成，依法签订合同或协议取得树木所有权的，不管树木多少，都应申请登记。

8）尚未确定森林、林木、林地所有权或使用权的，由所在地的县级人民政府林权登记机关委托属地乡镇人民政府申请登记。待确定权属后再颁发林权证（这里特指小地块，不能以权属不清为由，侵占国有森林资源）。

9. 林权初始登记申请需要提交哪些材料？

申请林权登记时，应当提交以下材料。

（1）林权登记申请表

提交林权登记申请表既是表达申请人的诉求，也是启动林权登记程序的条件。申请表上的申请事项是林权登记发证的主要内容依据，在制作过程中要注意三个问题：一是使用格式文本。要使用省林业厅统一制定的林权登记申请表。对于有些申请人使用其他文本的，属于申请材料不符合法定形式，林权登记机构应当告知并要求使用统一格式的林权登记申请表。二是填写规范完整。要按照统一要求规范填写，字迹清楚、表述准确、内容齐全，特别是需要有关单位或个人签署意见的，要有明确的意见并加盖公章或署名，并落款日期。三是申请事项明确具体。要按照依法拥有林权的有效证明材料如实填写具体的申请内容，对证明材料尚不充分的，申请人应当先收集补齐证明材料后再申请林权登记。

（2）申请人的身份证明

提交申请人的身份证明的目的，主要是了解和核实申请人的基本情况，并核对与申请材料的关联性和真实性，确保申请主体合格。这里的身份证明是个统称，要根据不同申请主体提交相应的证明，如申请共有林权的，则要提交全体共有人的身份证明；法人申请林权的，则要提交法人证明及法定代表人的身份证明；委托代理人申请的，还要提交委托书及代理人的身份证明，等等。

（3）申请登记事项的证明材料

提交申请登记事项的证明材料的主要目的是为主张权利提供依据，这是申请材料的核心内容。这里的证明材料是指依法取得、能够证明其主张权利事实的材料，主要是林业"三定"以来人民政府发放的林权证、林权争议处理决定书和行政复议决定书、人民法院的判决书、裁定书，当事人双方的林木林地承包合同、林权流转合同或协议、林木林地权属协议书、调解书等。证明材料具有证据性质，原则上要求是原件。提供原件确有困难的，可以提供与原件核对无误的复印件、照片、节录本。提供由有关部门保管的书证原件的复制件、影印件或者抄录件的，应当注明出处，经该部门核对无误后加盖其印章。提供报表、图纸、会计账册、专业技术资料等书证的，应当附有说明材料。

（4）林权证明参考文件

下列文件可作为林权证明参考文件：①国有林业企业、事业单位设立时，该单位的总体设计书所确定的经营管理范围及附图；②能够准确反映林木、林地经营管理状况的造林、征地、补植及验收台账等有关凭证；③ 村民大会或村民代表大会决议书；④ 林权登记机关认可，能够间接确定林木、林地权属的法律凭证；⑤ 依照法律、法规和有关政策规定，能够确定林木、林地权属的其他凭证。

10. 林权变更登记或者注销登记需要提交哪些材料？

林权权利人申请变更登记或注销登记时，应当提交下列文件：① 林权登记申请表；② 林权证；③ 林权依法变更或者灭失的有关证明文件。

11. 合格的林权登记申请有哪些标准？

(1) 申请登记的森林、林木、林地的坐落、四至界线、林种、面积等事项准确

这些事项是林权证上需要登记的内容，是描述森林、林木、林地状况的重要因子。此外，林权证上还有权利内容、株数、林班、大班、小班等事项。对于这些内容，经过实地勘验调查和公示后，有利于确保申请登记的权利内容与实际权利情况一致，防止差错，避免纠纷。需要说明的是，株数在森林、林木、林地能够用面积准确表明时，不必填写；但对难以描述四至又无法确定面积时，林权证上要记载林木株数，如四旁树、庭院内的树木、绿化树等零星林木；如果出现减少灭失或衍生增加的株数都应申请变更登记。

(2) 申请登记的森林、林木、林地的权属证明材料合法有效

申请人应当如实提供有关权属证明材料，不得提供虚假材料申请登记。权属证明材料必须是能证明森林、林木、林地的权属真实情况的客观事实，并具有法定形式及来源。如林业"三定"的林权证及其之后变更的权属证书，生效的承包合同、流转合同，林木林地权属协议书、调解书、处理决定书、行政复议决定书、人民法院法律文书等。

(3) 无权属争议

《福建省林木林地权属争议处理条例》第六条规定"林木林地权属争议解决前，有关县级以上地方人民政府不得对争议山场发放中华人民共和国林权证"。这里的权属争议是指已经明确的林木林地权属争议，主要包括 3 种类型：一是已经林木林地权属争议调处工作机构立案的；二是已经林木林地权属争议调处工作机构证明尚未立案但正在协商处理的；三是在林权登记公示过程中存在异议并经林木林地权属争议调处工作机构确认有权属争议的。值得注意的是，在公示过程中利害关系人提出异议并经调查核实确实存在权属不清的，也不得发放林权证。林权证是林权归属的法律凭证，是解决林权争议的依据，而林权争议解决前发放林权证相当于直接将权属依据赋予当事人，侵犯了另一方当事人权益，并有可能激化矛盾。因此，申请林权登记的森林、林木、林地必须是无权属争议的。

(4) 宗地附图界线清楚，与实地相符合

宗地附图是借助一定比例尺地形图，利用文字和符号制作的平面界至图或示意图。它是

宗地的图解，是申请登记内容的具体化、图量化。因此，只有界线清楚，与实地相符合的宗地附图，才能防止文字表达的歧义、理解的错误或偏差，起到避免纠纷的作用。

通过审查满足上述规定条件的林权登记申请，由县级以上地方人民政府予以登记发证；而对于不符合登记条件的林权登记申请，县级以上地方人民政府应当做出不予登记决定，书面告知申请人并说明理由。

经审查，登记机关认为林权权利人提交的申请材料符合森林法、森林法实施条例以及《林木和林地权属登记管理办法》规定的，应当予以受理；对已经受理的登记申请，应当自受理之日起 10 个工作日内，在森林、林木和林地所在地进行公告。公告期为 30 天。对经审查符合条件的登记申请，登记机关应当自受理申请之日起 3 个月内予以登记。

12. 什么情况下林权登记不予受理？

林权登记机关认为林权登记申请材料不符合规定的，应当说明不受理的理由或者要求林权权利人补充材料，必要时可以组织有关人员进行实地调查核实。

1）提供的申请材料不全或不符合规定的；

2）申请登记的林木和林地坐落、四至界限、林种、面积或株数等数据与勘验结果不符的；

3）林地使用权转让、出租、抵押期限超过林地使用权出让年限的；

4）未经林业行政主管部门批准，未按审批权限规定办理变更林地隶属关系手续，擅自改变林地隶属关系的；

5）权属不清，存在林权纠纷的；

6）承包、租赁荒山，未依法履行合同义务的；

7）未按照《合同法》《农村土地承包法》《森林法》《民法》及《中共中央、国务院关于全面推进集体林权制度改革的意见》（中发 [2008]10 号）等有关法律法规订立承包合同的（如内容违法、程序违法等）。新林权权利人未向原林权权利人交纳有关费用的。新林权权利人未向原林权权利人交纳有关费用的。

13. 什么情况下不予林权登记？

按照《农村土地承包法》的有关规定，因农村集体林地承包经营权发生流转，当事人申请林地承包经营权变更登记时，对以下几种情形不予登记：

1）采取转让或互换方式对林地承包经营权进行流转，转让方未依法登记取得林权证，受让方直接申请登记的。

2）采取转包或出租方式对林地承包经营权进行流转，原承包关系不变，受转包方和承租方申请登记的。

3）没有稳定的非农职业或者没有稳定的收入来源的农户，将通过家庭承包取得的林地承包经营权转让给其他从事农业生产的农户，受让方申请登记的。

4）有稳定的非农职业或者有稳定的收入来源的农户，将通过家庭承包方式取得的林地承包经营权采取转让方式转让给非农户，受让方申请登记的。

5）不宜采取家庭承包方式的荒山、荒沟、荒丘、荒滩等农村林地发包给集体经济组织以外的单位或个人承包，若承包方不能提供该承包经本集体经济组织成员的村民会议 2/3 以上成员或者 2/3 以上村民代表的同意的证明。

3.2 林权流转

1. 林权流转的一般程序是什么？

（1）申请

在流转双方达到初步意向的基础上，由林地承包经营权人向本集体经济组织或乡镇林业部门提交书面申请，并提供林权证及流转双方达成的意向协议等材料。

其中意向协议应包括以下主要内容：① 双方自然情况：姓名、单位、住所、身份证号等；② 林地概况：林地类型、坐落位置、四至界限、宗地地形图或示意图、林种树种与面积等；③ 经营开发方向：主要指具体用意；④ 协议其他要素：包括流转价格与支付方式、流转期限、双方权利义务、违约责任及流转期满时宗地上的森林、林木储量、归属与处置方式等。

（2）受理登记

由接受申请的村级组织或乡镇政府林业部门进行登记和了解情况，并依法作出准予或不准予的答复。

（3）流转林地勘测

由持有森林资源调查资质的单位派员现场勘测，制定林地勘测界定书、林地流转位置图、林权流转合同、林权申请表。

（4）审查复核

首先由村级组织对流转宗地的四至、面积、林种、权属和开发方向等进行审查与确认，并视情况报乡镇林业部门复核。

（5）签订合同和鉴证

经审核无误后。林权流转双方依法签订流转合同，并按照鉴证自愿的原则，由当事人自主决定是否向乡镇合同管理部门申请合同鉴证。

（6）发证

林权流转双方持村组织和乡镇林业部门的审核意见和林权流转合同等，向乡镇政府林业部门提出换发《林权证》申请，并由乡镇统一到县林权管理部门办理。

2. 林权发生变更时应该履行什么手续？

《林木和林地权属登记管理办法》第六条、第七条规定，林权发生变更的，林权权利人应当到初始登记机关申请变更登记。

林地被依法征用、占用或者由于其他原因造成林地灭失的，原林权权利人应当到初始登记机关申请办理注销登记。

1）林权权利人提出变更书面申请；

2）林权所有权单位签署意见；

3）乡（镇）林业工作站初审（必要时进行林权勘测，外业调查核实 10 个工作日）；

4）乡（镇）人民政府复审；

5）县林权管理中心审核；

6）县人民政府审批；

7）核发林权证；

8）材料归档。

县林权变更登记申请表

单位 （个人）		法定代表 （主要负责人）	
通讯地址		身份证编号	
登记类型	□初始 □变更	登记权利内容	□林地所有权 □林地使用权 □森林或林木使用权 □森林或林木所有权
坐 落		林地所有权权利人	
申请变更林权证号		申请变更山场小地名	

申请变更登记事项			
变 更 前		变 更 后	
林地使用权权利人		林地使用权权利人	
森林或林木所有权权利人		森林或林木所有权权利人	
森林或林木使用权权利人		森林或林木使用权权利人	
面积（或株数）		面积（或株数）	
林种和主要树种		林种和主要树种	
林地使用期		林地使用期	
终止日期		终止日期	
四 至		四 至	
上：		上：	
下：		下：	
左：		左：	
右：		右：	

3. 集体林权流转有哪些主要内容？

集体林权流转是实现森林资源资产和市场要素有机结合，促进林业规模经营的重要手段。它是指林权权利主体通过法定的形式和程序，将自己拥有的林权全部或部分让渡给其他主体。我国集体林权流转包括林地使用权的流转、林地承包经营权流转、林木所有权和使用权的流转。其中，林地承包经营权的流转又分为林地家庭承包经营权的流转和四荒林地承包经营权的流转，而集体林权流转的核心是林地家庭承包经营权的流转。林地所有权只能属于国家和集体，不能进入市场流通领域进行流转，因此，林地的流转即指林地使用权的流转和林地承包经营权的流转。而林木所有权的主体是国家、集体、自然人、法人或者其他组织，因此林木的流转包括所有权和使用权的流转。

（1）集体林地使用权的流转

林权的核心要素是林地，因此。集体林权流转的核心内容是集体林地的流转，集体林地的流转会直接影响到林木所有权、林木使用权的流转。集体林地使用权是指权利人依法对集体所有的林地进行占有、使用、收益和一定情况下进行处分的权利。国家通常在集体组织对集体林地保留所有权的前提下，通过一定方式将集体所有的林地使用权出让给集体、自然人、法人或者其他组织行使。林地使用权人可以在不违背法律规定的情况下，根据自己的意志经营林地。进而收取产生的孳息。

根据《森林法》第十五条第一款规定，下列森林、林木、林地使用权可以依法流转：① 用材林、经济林、薪炭林；② 用材林、经济林、薪炭林的林地使用权；③ 用材林、经济林、薪炭林的采伐迹地、火烧迹地的林地使用权；④ 国务院规定的其他森林、林木和其他林地使用权。

（2）林木所有权及使用权的流转

林木所有权是指国家、集体、自然人、法人或其他组织依法律规定对林地上的林木享有的占有、使用、收益和处分的权利。也就是说，国家、集体、自然人、法人或者其他组织均可以对林木享有所有权，这是林木与林地所有权主体的区别。《森林法》规定，用材林、经济林、薪炭林的林木使用权以及国务院规定的其他林木使用权可以依法转让，也可以依法作价入股或者作为合资、合作造林、经营林木的出资、合作条件。这就表明，林木的所有权和使用权均可依法流转。林木所有权是广大林农在林权制度改革后对林木享有处分权的依据，也是林权流转制度得以建立和实行的基础。

林木和林地密不可分，客观上不可能存在无本之木。因此，林木所有权与林地使用权息息相关，林地上生长的林木或者其他林产品是林地使用权人最主要回报，因此，享有林地使用权一般即享有林地上的林木所有权。"所有权兼括权利和义务，限制和拘束乃所有权的本质内容。此种应受合理规范的所有权将使私的所有权更具存在的依据，而发挥其功能。"因此，在我国实践过程中，林地使用权人无法对林木享有完全意义上的支配权和处分权。这是由于环境保护或者其他公益性目的的需要，林木所有权人对林木的所有要受到公法的严格限制，最主要的是林地使用权人要想采伐自己所有的林木，必须取得林业主管部门的采伐许可证，并且必须按照许可证允许的采伐量、采伐时间等进行采伐。而在私法的限制上，当林木所有人将林木出租、抵押、投资入股时，林木所有人的行为也将受到严格的限制。

(3) 集体林地承包经营权的流转

物权法上对土地承包经营权有明确规定，但土地承包经营权相关规定主要以耕地为模式制定，与林地的实际利用情况尚有一定差异，不能完全包含林地利用的全部情况。森林法上允许集体保留少量林地，实行民主管理，这些土地不属于四荒地，不适用其他承包方式；也不是农户以家庭承包方式取得的承包经营。因此，土地承包经营权的规定难以完全涵盖林地权属的实际情况。

林地承包经营权是土地承包经营权的重要组成部分，土地承包经营权就是承包人（个人或单位）因从事种植业、林业、畜牧业、渔业生产或其他生产经营项目而承包使用、收益集体所有或国家所有的土地或森林、山岭、草原、荒地、滩涂、水面的权利。林地承包经营权指的是指自然人、法人或者其他组织，占有集体所有或者国家所有由使用的林地从事林业生产经营活动的权利，可分为以家庭承包方式取得和以其他方式取得。以家庭承包方式取得的林地承包经营权的权利包括：对承包林地享有使用、收益的权利；对林地承包经营权流转的权利；对被依法征用、占用的承包林地享有获得相应补偿的权利；法律、法规规定的其他权利。《农村土地承包法》规定，以其他方式承包取得的林地承包经营权的具体内容由承包方和发包方在签订的承包合同中约定。通过家庭承包取得的土地承包经营权可以依法采取转包、出租、互换、转让或者其他方式流转。通过招标、拍卖、公开协商等方式承包农村土地，经依法登记取得土地承包经营权证或者林权证等证书的，其土地承包经营权可以依法采取转让、出租、入股、抵押或者其他方式流转。

4. 集体林权流转合同是什么样的?

合同编号：_____

集体林权流转合同

甲方（出让方）：_____　　证件类型及编号：_____

联系地址：_____　　联系电话：_____

经营主体类型：□农村居民　　□城镇居民　　□村集体经济组织

　　　　　　　□企业法人　　□农民合作社　　□其他

乙方（受让方）：_____　　证件类型及编号：_____

联系地址：_____　　联系电话：_____

经营主体类型：□农村居民　　□城镇居民　　□村集体经济组织

　　　　　　　□企业法人　　□农民合作社　　□其他_____

　　为规范集体林权流转行为，维护流转当事人的合法权益，根据《中华人民共和国合同法》、《中华人民共和国农村土地承包法》、《中华人民共和国森林法》等相关规定，经甲乙双方共同协商，在平等自愿的基础上，订立本合同。

　　第一条　特定术语和规范

　　（一）本合同所称的集体林权流转是指在不改变集体林地所有权及林地用途和公益林性质的前提下，林权权利人将其依法取得的林木所有权、使用权和林地承包经营权或者林地经营权，依法全部或部分转移给其他公民、法人及其他组织的行为。

　　（二）集体林权流转应当遵循依法自愿、公平公正和诚实守信原则，任何组织和个人不得强迫或者阻碍进行林地承包经营权流转，流转的期限不得超过承包期的剩余期限。

　　（三）通过家庭承包取得的林权，采取转让方式流转的，应当经发包方同意；采取转包、出租、互换或者其他方式流转的，应当报发包方备案。

　　（四）集体统一经营管理的林权流转给本集体经济组织以外的单位或者个人的，应当在本集体经济组织内提前公示，经本集体经济组织成员会议三分之二以上成员或者三分之二以上村民代表同意后报乡（镇）人民政府批准。村集体经济组织应当对受让方的资信情况和经营能力进行审查后，再签订合同。

　　（五）林权采取互换、转让方式流转，当事人要求权属变更登记的，应当向县级以上地方人民政府申请登记。

第二条 流转标的物及流转

（一）预定流转林权的林权证书号（可另附件）：_____，
以林权证登记面积为准，共计_____亩，其中公益林_____亩，商品林_____亩。

（二）甲方现通过 □转包 □出租 □互换 □转让 □入股 □作为出资、合作条件
□其他_____方式流转给乙方，乙方对其受让的林地、林木应当依法开发利用。

（三）甲方将□林地经营权 □林木所有权 □林木使用权流转给乙方。

（四）流转林地上的附属建筑和资产情况及处置方式（可另附件）：_____。

（五）林权流转期限从____年____月____日起至____年____月____日止，共计____年。
甲方应于____年____月____日之前将林地林木交付乙方。

第三条 流转价款及支付方式

（一）以资金进行计价：

1.一次性付款方式。林地经营权流转价款按每年每亩为_____元，面积_____亩，共计
为_____元，如林地上的林木一并转让的，按每年每亩____元，共计____元，支付时
间为____年____月____日。

2.分期付款方式。共分为____期，每期____年，每期林地流转价款递增____%。合同
生效后_____日内由乙方向甲方一次性支付第一期的流转价款____元，以及林地上的林木转
让款____元，共____元。以后每____年于当年____月____日前由乙方向甲方支付下一期的林地流
转价款。

（二）以实物或者实物折资进行计价或者其他方式：_____

_____。

（三）公益林流转的，森林生态效益补偿资金由□甲方□乙方受偿，或者____。

（四）本合同生效后_____日内，乙方向甲方支付_____元作为合同定金。采取一次性付
款的，定金在流转合同期满后_____日内一次性返还。分期付款的，定金在最后一期的流转价
款中抵扣。

第四条 甲方的权利和义务

（一）有权依法获得流转收益，有权要求乙方按合同规定缴交林权流转价款。监督乙方
依照合同约定的用途合理利用和保护林地。

（二）有权在本合同约定的流转林地期限届满后收回流转林地经营权或使用权。

（三）所提供的林地林木权属应清晰、合法，无权属纠纷和经济纠纷。如在流转后发现
原转出的林地林木存在权属纠纷或经济纠纷的，由甲方负责处理并承担相应责任。

（四）提供所流转林地范围的全国统一式样的林权证、原转出方合法的集体决议纪录或与集体经济组织签订的原承包、流转经营合同等证明材料。

（五）不干涉和破坏乙方的生产经营活动。协助乙方做好护林防火和林区治安管理工作。协助乙方申办林地林木权属登记或变更登记、林木采伐手续，有关费用由乙方承担。

第五条　乙方的权利和义务

（一）依法享有受让林地使用、收益的权利，有权自主组织生产经营和处置产品。

（二）按合同约定及时支付流转价款。如该流转林地被依法征占用的，有权依法按规定获得相应的补偿。

（三）依法按规定申办林地林木权属登记或变更登记、林木采伐审批手续，不得非法砍伐林木。

（四）应当做好造林培育，其采伐迹地应在当年或者次年内完成造林更新，不得闲置丢荒，并保护好生态环境和水资源。

（五）依法做好护林防火、林业有害生物防治责任，保护野生动植物资源工作。

（六）应当严格按照国家和本地林业管理规定开发利用，不得擅自改变林地用途和公益林性质，不得破坏林业综合生产能力。

第六条　合同的变更、解除和终止

（一）在流转期内，乙方不得擅自将林地再次流转，如乙方确实需要再次流转的，必须经甲方同意，并依法办理相关手续。

（二）合同有效期间，因不可抗力因素致使合同全部不能履行时，本合同自动终止，甲方将合同终止日至流转到期日的期限内已收取的林权流转款退还给乙方；致使合同部分不能履行的，其他部分继续履行，流转价款作相应调整。

（三）合同期满后，如乙方继续经营该流转林地，必须在合同期满前 90 日内书面向甲方提出申请。如乙方不再继续流转经营，在合同期满后＿＿＿＿日内将原流转的林地交还给甲方，乙方必须将原流转经营林地的林木妥善处理。未采伐林木的处理约定为 ＿＿＿＿＿＿＿＿＿＿＿＿＿＿ 。

（四）合同终止或解除后，原由乙方修建的道路、灌溉渠等设施，处置方式为＿＿＿＿＿＿＿；修建的房屋及其他可拆卸设施，处置方式为 ＿＿＿＿＿＿＿＿＿＿＿＿＿＿＿＿＿＿＿＿ 。

第七条　违约责任

（一）如甲方违约致使合同不能履行，须向乙方双倍返还定金；如乙方违约致使合同不能履行，所交付定金不予退还。因违约给对方造成损失的，违约方还应承担赔偿责任。

（二）甲方应按合同规定按时向乙方交付林地，逾期一日应向乙方支付应缴纳的流转价款的＿＿＿‰作为滞纳金。逾期＿＿＿日，乙方有权解除合同，甲方承担违约责任。

（三）甲方流转的林地手续不合法，或林地林木权属不清产生纠纷，致使合同全部或部分不能履行，甲方应承担违约责任。甲方违反合同约定擅自干涉和破坏乙方的生产经营，致使乙方无法进行正常的生产经营活动的，乙方有权单方解除合同，甲方应承担违约责任。

（四）乙方应按照合同规定按时足额向甲方支付林地林木流转价款，逾期一日乙方应向甲方支付本期（年）应付流转价款的＿＿＿‰作为滞纳金。逾期＿＿＿日，甲方有权单方解除合同，乙方应承担违约责任。

（五）自宜林地造林绿化约定期满＿＿＿日后，乙方不履行造林绿化约定的，甲方有权无偿收回未造林绿化的林地。

（六）乙方给流转林地造成永久性损害，或者擅自改变林地用途或者造成森林资源严重破坏，经县级以上林业主管部门确认后，甲方有权要求乙方赔偿违约损失、有权单方解除合同，收回该林地经营使用权，所收取的定金不予退还。

第八条　合同争议的解决方式

因本合同的订立、效力、履行、变更及终止等发生争议时，双方当事人可以通过协商解决，也可以请求村民委员会、乡（镇）人民政府等调解解决。当事人不愿协商、调解或者协商、调解不成的，约定采用如下方式解决：

□提请当地农村土地仲裁机构仲裁。□向有权管辖的人民法院提起诉讼。

第九条　附则

（一）本合同未尽事宜，经出让方、受让方协商一致后可签订补充协议。补充协议与本合同具有同等法律效力。

补充条款（可另附件）：

（二）本合同自当事人签字盖章起生效。本合同一式＿＿＿＿＿＿份，由出让方、受让方、林地所有权的集体经济组织、县级林业主管部门、＿＿＿＿＿＿、＿＿＿＿＿各执一份。

甲方盖章（签字）：　　　　　　　　　　乙方盖章（签字）：

法定代表（委托代理人）签字：　　　　　法定代表（委托代理人）签字：

鉴证单位：（签章）　　　　　　　　　　鉴证人：（签章）

附件：

1. 甲、乙双方（负责人）身份证明复印件；

2. 流转林地四至范围附图；

3. 流转林权基本情况信息；

4. 甲方《林权证》复印件；

5. 属集体统一经营林地对本村、组外承包的应提供：依法经本集体经济组织成员的村民会议三分之二以上成员或者村民代表会议三分之二以上村民代表同意对外承包的票决记录复印件和镇（乡）政府批准意见书；

6. 属再次流转的，出让方应提供原出让方同意流转的书面意见的相关证明材料；

7. 其他。

流转林权基本情况信息

预定流转林地、林木交付现状：_____

_____

_____

_____。

序号	地块名称	林权证编号	面积(亩)	四至界线				GPS拐点坐标
				东	南	西	北	
1								
2								
3								
4								

预定流转林地上的建筑及附着物现状：_____

_____

_____

_____。

5. 林权流转主要实践形式有哪些？

在内容方面，林权流转模式法定的五种形式大致可归为物权式、债权式、（股份式）流转。而一般土地（耕地）流转，主要为债权式。林权流转模式法定的五种形式为转让、出租、转包、入股、互换，而抵押是否为林权流转的形式，法律规定上始终没有明确。其中，通过互换、转让方式从林地使用权人处受让取得权利，其性质为物权；通过出租、转包等方式从林地使用权人手里取得的权利则为债权；通过入股获得的权利则为股权。从社会属性看，耕地承担了农村人口的基本社会保障，如果允许农民完全自由地转让和抵押耕地承包经营权，有可能会出现"失地农民"，所有农民一旦失去丧失基本生存条件，影响社会稳定。这也是立法者对于土地承包经营权转让和抵押没有完全放开的根本原因。因此，耕地流转主要为债权式。

（1）转让

林权转让是指权利人依法将其拥有的未到期的林地林木所有权以一定的方式和条件转移给他人从事林业生产经营的行为。一般具有四个方面的特征：一是将林木的占有、使用、收益、处分全能或者将林地的占有、使用、收益等权能全部转移；二是对于通过承包经营方式取得的林地承包经营权，权利人放弃了承包期届满前继续承包经营的权利；三是林地所有权人不变，林地使用权受让人与林地所有权人建立新的承包关系；四是林地承包经营权的受让对象可以是本集体经济组织的成员，也可以是本集体经济组织以外的单位或者个人。

林权转让是指林权人依法将其享有的林权转移给受让方，受让方向转让方支付相应的价金。在实践中，林权转让主要是指林木所有权和林地使用权的买卖。转让是一种最为彻底的集体林权流转方式，法律对此有非常严格的限制。

1）林地使用权的转让，林地使用权的转让。在实践中主要是林地承包经营权的转让或者买卖。根据我国《土地承包法》的规定，林地承包经营权的转让具体包括两种类型。一是以家庭承包方式取得的林地承包经营权，它的转让应当满足三个条件：①出让方应当具有稳定的非农职业或者有稳定的收入来源（第34条、第41条）；②应当经过发包人的同意（第37条、第41条）；③受让方必须是从事林业生产经营的农户（第33条、第41条）。二是通过招标等方式取得的林地承包经营权的转让，相比较而言，对于以招标、拍卖、公开协商等方式取得的林地承包经营权的转让。则没有进行上述限制。

2）林木使用权的转让。在实践中，对于用材林、经济林、薪炭林等活立木的所有权的转让，一般持支持或鼓励的态度，限制不多。

（2）出租

林地承包经营权出租是指权利人将林地承包经营权的部分权能，在承包期限内租赁给集体经济组织以外的单位或者个人，从事林业生产经营的行为。林地承包人有权将林地承包经营权出租给第三人，从而收取租金。在林地承包经营权出租后，原土地承包关系不变，承包人（出租人）仍需向林地发包人履行承包合同规定的权利和义务。林地承租人对林地的承租权不得超出承包人（出租人）的承包经营权的范围。林地承租人在使用林地过程中违反约定，对林地造成损害的，应当向承包人（出租人）承担责任，承包人向发包人承担责任。林地承包经营权出租的期限不得超过林地承包经营权的剩余期限。

出租一般具有四个方面的特征：一是只将林地林木的使用、收益权能交给承租人或者接包人，出租人或者转包人的林权主体没有转移；二是对于通过承包经营方式取得林权的农户，农户与发包方的承包关系不变，农户与承租人或者接包方是合同约定形式的债权关系；三是一般采取收取租金或者转包费的方式，实现林权收益的目的；四是租赁关系终止时返还林地及地上附着物的使用权。

（3）转包

林地承包经营权转包是指权利人将林地承包经营权的部分权能转交给本集体经济组织内部的其他农户承包经营的行为。在转包的情况下，林地承包经营权没有发生转移，承包人并未脱离原来的承包关系，接包方也未与发包方建立新的承包关系。接包方对林地的权利和承包期限都不得超出林地承包人的范围。承包人从发包人处取得的是林地承包经营权，而林地承包经营权是一种物权，受物权法调整；承包人与接包人之间形成的是债权关系，受合同法调整。

转包与出租的主要区别是接包人为本集体经济组织内部的农户，转包仅适用于依照《农村土地承包法》规定通过家庭承包取得的林地承包经营权，其他林地使用权的流转不适用转包方式。

（4）入股

入股是集体林权流转的重要形式，也是政府鼓励采用的形式。林权入股对于发展集体林业经济具有两个方面的优势：一是林权制度改革后，林权呈现前所未有的分散状态，不利于形成规模经营，通过入股形式可以将农村每家每户的林地使用权变成资本与其他形式的资本联合起来，在短时间内就能迅速形成经营规模和资源产业基础。通过入股方式，以林权为纽带建立起林业合作经济组织，可以比较好的实现"林权分散。经营集中"的目标。二是可以有效防范林农失地带来的社会问题。实行林地股份合作，农户以承包经营权做股权，可以保持林农林地承包经营权的长期稳定，又可以以股份的形式实现林地"社会化利用"，使林农拥有长期稳定的林地收益权。

林地承包经营权入股是指承包方将林地承包经营权量化为股份，自愿联合或组成股份公司、合作组织等经济实体，从事林业生产经营，收益按照股份分配的行为。其主要有 3 个方面特征：一是林权主体发生转移，即林权转为公司所有或者合作组织共同所有；二是林地林木资产估算量化为资本，以资本数量来确定所占股份；三是按股份比例获取营利的报酬或收入。这是与农民专业合作社等组织实行合作经营形式有着本质区别。将林地承包经营权采取入股方式流转是提高规模化经营的重要途径，能有效解决单户经营中存在的一些问题，进一步提高经营效益。

入股的性质有两种：即不转移林地承包经营权的入股（组建合伙）和转移林地承包经营权的入股（组建股份制企业）。《土地承包法》第 42 条规定："承包方之间为发展农业经济，可以自愿联合将土地承包经营权入股，从事农业合作生产。"林地承包经营权入股的结果，是入股者取得合作社或者股份公司的股份，享有股权，依法取得红利，合作社或者股份公司等经济组织依法占有和使用承包地。

入股在实践中主要有股份制和股份合作制等形式。包括林农之间自愿组合，以林地、劳力、资金入股，联合开发，按股分红；外商企业以资金或技术入股，村组或林农以林地、管护入股，股份合作办林场经营，按股分红；能人牵头，社会各界投资创办林业合作社，投入荒山开发经营，收益按协议分成；以森林资源为主要经营对象，依法组建股份有限公司，完善法人治理结构，将林地等森林资源评估折股资产化运营，股票上市等。

（5）互换

林权互换实际上就是林权的互易，是指林地承包人之间为方便经营或者各自其他方面的需要，对属于同一集体经济组织的承包地块进行交换，同时交换相应的林地承包经营权。在实践中，林权的互换，主要是林地承包经营权的互换，在互换的林地上生长的林木，除当事人另有约定外，会随着林地承包经营权的互换而一并转移。互换与转让不同，不会导致农户失山失地，而且有助于解决林地细碎化和经营分散的问题。

林地承包经营权互换是指承包方之间为方便经营或者各自需要，对属于同一集体经济组织的林地承包经营权进行互换的行为。也就是林地承包经营权人将自己的林地承包经营权交还给他人行使，自己行使换来的林地承包经营权，承包期届满继续承包经营的权利也互相交换。互换实质上是"以权换权"的转让方式，但互换对象是本集体经济组织实行家庭承包经营的农户，目的是便于经营和更好地管理、开发和利用。互换在农村土地承包经营中多见，大多采取经济补偿方式进行，可以较好地解决因地理位置而造成生产经营不变的问题。

（6）抵押

林权抵押是指权利人不转移对林地或林木资产的占有，将其作为债权担保的行为。林地承包经营权抵押，是指以林地承包经营权作为抵押权标的物为债务提供担保。我国《物权法》和《土地承包法》均规定，四荒林地承包经营权可以依法抵押。关于林地家庭承包经营权能否抵押，仍存有一定争议。如果承包人在林地承包经营权上设定抵押，当其不能依约履行债务时，债权人可能处分林地承包经营权以实现债权，那么受让人可能不是承包人所属的集体成员，这就有违《土地承包法》第 37 条规定的转让条件。其实，抵押是林权融资的重要形式，主要解决的是债务人不能清偿到期债务时谁先受偿的问题，抵押虽然与林权流转有密切的联系，但不是林权流转的形式。林权抵押的目的主要是为了解决林农、林业企业贷款难、林业生产资金不足的问题，而不是发生林权变动。

林地使用权和林木所有权还可以通过赠予、继承等民事行为进行流转，其流转对象依照《民法通则》《合同法》《继承法》等有关法律法规的规定执行。对于涉及林权转移的，当事人可以依法申请林权变更登记。

6. 集体经济组织经营的森林资源如何流转？

以湖南为例，集体经济组织经营的森林资源按图 3.3 所示程序来流转。

图 3.3　集体经济组织经营的森林资源流转程序

(1) 提出森林资源流转申请

拟进行森林资源流转的林权权利人应当持全国统一样式的林权证向所在地县级林业行政主管部门提出流转申请。县级林业行政主管部门接到申请后，应根据《森林法》第十五条、《湖南省森林资源流转办法》第八条、第九条的规定进行审查，并在 5 个工作日内，对符合流转条件的做出"受理"的答复，对不符合流转条件的做出"不予受理"的答复。

(2) 进行森林资源资产评估

县级林业行政主管部门受理流转申请后，林权权利人应当委托具有丙级资质（含丙级）以上的林业调查规划设计队或者其他具有资质的森林资源资产评估机构进行资产评估。

(3) 流转的审核、批准

森林资源资产评估后，申请流转的权利人应按《湖南省森林资源流转办法》第十七条的规定向所在地县级林业行政主管部门提供相关资料。林业行政主管部门应当按《湖南省森林资源流转办法》第十八条规定的权限（转让方、受让方有一方达到规定面积权限都应申报，不得化整为零进行审批。300 公顷以下由县级林业行政主管部门审核批准，300 ～ 500 公顷由市级林业行政主管部门审核批准，500 公顷以上由省级林业行政主管部门审核批准），自受理森林资源流转之日起 20 日内作出审查决定。符合流转条件、并属县级林业行政主管部门审批的，县级林业行政主管部门以批准书的形式予以批准；属省、市州林业行政主管部门审批的，由县级林业行政主管部门行文，并提供《湖南省森林资源流转办法》第十七条规定的资料，报省市州林业行政主管部门审批。省市州林业行政主管部门以正式文件予以批准。不符合条件的，不予批准，并书面告知当事人理由。

（4）公开交易

森林资源流转经林业行政主管部门批准后，森林资源流转交易中心应当公开发布流转信息，并进行为期 10 天的公告，采取公开招标、拍卖等方式进行交易；不具备公开拍卖、招标条件的，可以由森林资源流转交易中心主持，采取竞争性谈判、协商等方式进行。

（5）签订森林资源流转合同

森林资源交易成功后，双方当事人应按《中华人民共和国合同法》和《湖南省森林资源流转办法》第二十一条之规定签订森林资源流转合同。

（6）办理林权变更登记

森林资源流转合同签订后，双方当事人应当持流转合同及相关资料向森林资源所在地的县级林业行政主管部门申请办理林权变更登记手续。县级林业行政主管部门在办理林权变更登记前，应对森林资源流转合同的真实、合法、有效性进行认真审查，对符合条件的，应在 15 个工作日内办理完结，对有《湖南省森林资源流转办法》第二十二条所列情形之一的，不予办理林权变更登记手续，并书面告知当事人理由。

7. 个人经营的森林资源如何流转？

以湖南省为例来说明。首先由林权权利人持全国统一样式的林权证向所在地的县级林业行政主管部门或其委托的乡镇林业站提出流转申请。县级林业行政主管部门接到流转申请后，应根据《森林法》第十五条和《湖南省森林资源流转办法》第八条、第九条的规定进行审查，并在 3 个工作日内书面作出"受理"或"不予受理"的答复。自愿要求进行资产评估的，林权权利人应当委托具有丙级资质（含丙级）以上的林业调查规划设计队或者其他具有资质的森林资源资产评估机构进行资产评估，然后由流转双方签订森林资源流转合同，最后由流转双方持流转合同及相关资料到所在地的县级林业行政主管部门办理林权变更登记手续。县级林业行政主管部门在办理林权变更登记前，应对森林资源流转合同的真实、合法、有效性进行认真审查，对符合条件的，应在 15 个工作日内办理完结，对有《湖南省森林资源流转办法》第二十二条所列情形之一的，不予办理林权变更登记手续，并书面告知当事人理由。

8. 林木林地流转需要哪些必备材料？

林权申请人须向林权办证机关提交以下材料。

1）林权证（林改期间核发的林权证，不受理退耕还林的林权证）；

2）林权变更、注销登记申请（原林主申请包含的主要内容应有，林权证编号、林权证号、小地名，面积、林地宗地数、林种、流转方式、流转后的主要发展方向、流转期限）；

3）林业调查设计部门完成的林木林地勘测界定；

4）本集体经济组织成员参加的林木林地流转会议原始记录，并有成员签名和右手大拇指印；

5）林地林木流转合同书；

6）林权流转公示；

7）林权登记申请表；

8）相关证明材料。出让方、流入方公民身份证明，法人或其他组织的资格证明，法定代表人或者负责人的身份证明，委托代理人的身份证明和载有委托事项及权限的委托书，交易付款凭证等（复印件）；

9）若需开展森林资源资产评估的，应聘请有评估森林资产资质的单位进行评估出示森林资源评估报告；若不需评估的双方要出具不评估说明材料。

9. 国有和集体森林、林木、林地的招标、拍卖、挂牌流程是什么？

（1）程序

1）提出申请；

2）国有林须经林业局批准，集体林须 2/3 以上村民或 2/3 以上村民代表同意，经乡镇批准；

3）森林资源资产进行评估；

4）森林资源流转平台审核（即：林业服务管理中心审核）；

5）县招投标交易中心进行公告；

6）公开招标、拍卖、挂牌；

7）签订转让合同。

（2）应提供的材料

1）个人身份证明，法人或其他组织的资格证明，法定代表人或者负责人的身份证明；

2）申请书；

3）森林资源流转协议书；

4）林权证；

5）森林资源资产评估报告；

6）标的物的地形图；

7）委托书。

10.林地流转的参考书籍有哪些？

1)《集体林区农户林地使用权流转行为研究》（柯水发著，中国农业出版社 2013 年出版）。

2)《集体林地流转的市场机制》（谭荣著，科学出版社 2014 年出版）。

3)《集体林权制度改革中的林地林木流转研究》(谢屹著，中国林业出版社 2009 年出版)。

4)《集体林权流转和林地使用费法律问题研究》(李延荣、周珂等著，中国人民大学出版社 2008 年出版)。

第
4
章
　融资服务

第4章 融资服务

4.1 融资渠道与模式

1. 什么是融资?

从狭义上讲,融资即是一个企业的资金筹集的行为与过程,也就是说公司根据自身的生产经营状况、资金拥有的状况,以及公司未来经营发展的需要,通过科学的预测和决策,采用一定的方式,从一定的渠道向公司的投资者和债权人去筹集资金,组织资金的供应,以保证公司正常生产需要,经营管理活动需要的理财行为。公司筹集资金的动机应该遵循一定的原则,通过一定的渠道和一定的方式去进行。我们通常讲,企业筹集资金无非有三大目的:企业要扩张、企业要还债以及混合动机(扩张与还债混合在一起的动机)。

从广义上讲,融资也叫金融,就是货币资金的融通,当事人通过各种方式到金融市场上筹措或贷放资金的行为。从现代经济发展的状况看,作为企业需要比以往任何时候都更加深刻,全面地了解金融知识、了解金融机构、了解金融市场,因为企业的发展离不开金融的支持,企业必须与之打交道。1991年邓小平同志视察上海时指出:"金融很重要,是现代经济的核心,金融搞好了,一着棋活,全盘皆活。"由此可看出政府高层对金融逐渐重视。

2. 林业投融资有哪些风险?

任何投资都是有风险的,这些风险都将影响投资者对项目的投资。林业投资风险从生物因素方面考虑有以下几点:一是林木生长周期内发生的风害、冻害、涝灾、旱灾、水灾和病虫害,都会对树木生长、木材产量和材质好坏产生不利影响。二是如果立地条件不好,品种选择不当,经营管理管护工作跟不上,也不会获得应有的经济效益。因此,不同地域的林业对投资者的吸引力就有所不同。三是林木生产效益的高低很重要的是取决于生产成本和市场需求。木材价格受国内外市场影响较大,若干年后,木材价格只能由当时的市场决定。另外还有造林公司的经济实力和诚信程度,合同到期后公司兑现合同条款的能力和诚心,将是投资者面临的主要风险。还有政策上的风险,由于投资期限较长,林业政策上的不稳定性对于林业投资者来说也是一个风险,对于不同所有制林业和不同性质林业的林业政策会有所不同,这也将影响投资者的投资决定。

可是从另外的角度考虑,林业投资风险还是比较低的。信托投资机构经常会对林业投资,机构投资者是作为受信托人持有资产为他人谋利的组织，包括养老基金，保险公司，银行，大学或其他捐赠的基金。机构投资者为什么投资林业呢? 考虑风险特征，机构投资者追求高金融收益，当过分强调与生长相联系的生物因素以及像火灾和病虫害等随机因子造成的损失时，林地被看作高风险投资，然而这种观念未充分注意其金融因素。其实，如果林地经营得好。并有不同的树种组成和林龄构成，除了由自然因素，如火灾、风暴和病虫害引起潜在的物理损失之外，与木材相联系的风险基本上与其他投资相同，且在相同的风险水平下，林地投资能降低证券风险，与其他金融资产相比，其收益是有竞争性的，风险又是较低的。林地投资的一个优点就是它有多样化潜力，对于同样的风险水平，在有价证券投资中加入林地投资能够产生更高的收益。林地投资收益与其他投资收益弱相关，甚至负相关，因此一般投资市场出现较大风险损失时，不会相应引起森林投资收益率的巨幅波动，从而降低了投资者的综合投资风险。

以上都是从投资者角度考虑的风险问题，从融资者方面考虑也存在着一些风险。比如如果投资者资金周转不灵无法或拒绝完成全部投资，就会使营林任务无法按预期完成，或者延期完成造成因市场需求变化而产生的市场风险。还有由于政策的不稳定性，使得无法履行与投资者的合同，最典型的就是采伐限额问题，会造成林业经营者的信用风险，使得以后再进行融资时，没有投资者再愿意进行投资。

3. 林业投融资体系主要有哪些?

表 4.1　主要的林业投融资体系

林业财政投资体系	森林抚育、造林、林木良种、森林保险补贴、森林生态效益补偿、贷款贴息等各类林业财政补贴，以及林业国债投资等
政策性融资体系	国际金融机构优惠贷款、外国政府政策性贷款、我国政策性银行(主要是农业发展银行)优惠贷款等
商业性融资体系	林权抵押贷款、林业小额信贷、林业联保贷款等林业信贷，林业企业上市股票及债券融资，林业信托融资，商业性森林保险等
合作性融资体系	如农村信用社针对林农发放林权抵押贷款、信用贷款等

4. 我国林业投融资渠道有哪些?

1) 国家和各级政府的无偿投入，包括财政拨款专项拨款、基建拨款、专项资金提取、征收和拨入等主要表现为中央预算内林业基本建设经费、国家农业综合开发基金、中央财政林业专项经费以及国家科技推广项目和地方各级政府配套的资金。

2) 林业贷款、财政贴息贷款及国债资金，包括林业贴息贷款、治沙贴息贷款、山区综合开发贴息贷款、国家开发银行发放的基本建设项目贷款等。

3）林业基金。1988 年国务院批准建立中央级和省级林业基金制度。现在，除了早已建立的中央级林业基金外，已有 20 多个省、市、自治区建立了省级林业基金制度，主要包括育林基金、造林建设基金、绿化基金等。

4）证券融资。目前，沪、深股市有几家林业上市公司，包括永安林业（福建）、吉林森工（吉林）和景谷林业（云南）。

5）外资。外资一般来源于官方和非官方两种渠道。官方来源主要包括：外国政府及政府机构提供的援助和贷款；国际组织（多边机构）提供的援助和贷款。非官方来源主要包括：商业供应厂商和制造厂商为购买其货物提供的出口信贷；商业银行提供的出口信贷和现金贷款；国外私人投资者向我国企业投资，寻求企业中的持久利益（直接投资），或者购买我国公司和政府发行的股票与债券（证券投资）。

综上，目前政府仍是我国林业投资的主体，虽然近年来林业投资总量不断增加，但是与林业建设的需要相比仍然存在很大的缺口。因此，我国林业的发展仅依靠政府投资是不够的。拓宽林业融资渠道，增加林业投资，是解决林业建设资金不足，促进林业发展的关键。在这种背景下，林业投融资制度改革成为林业发展的必经之路。

5. 常见的贷款融资模式有哪些？

目前，各地根据实际，探索出如下几种常见的贷款模式：

1）林权直接抵押贷款，即林权所有者直接以《林权证》提供抵押向金融机构借款；

2）担保公司担保贷款，即林权所有者以《林权证》向专业担保公司提供反担保，由担保公司为林农提供贷款保证，银行发放贷款；

3）农户联保贷款，即农村信用社结合农村信用村、镇的创建工作，借鉴农户信用小额贷款和农户联保贷款的做法，以林农联保的方式发放贷款；

4）政府信用贷款，即由政府组织协调，指定国有资产投资公司统借统还，各林业中小企业及林农作为最终用款人使用并偿还贷款本息，当地农村信用社为委托贷款行办理贷款的发放和结算业务；

5）企业资产抵押贷款，即林业企业以其固定资产评估值的一定比例进行抵押向金融机构申请贷款，然后由企业与农户开展合作造林。

6. 目前国家和地方政府帮助林业专业合作社融资的优惠政策主要有哪些？

《中国人民银行、财政部、银监会、保监会和林业局关于做好集体林权制度改革和林业发展金融服务工作的指导意见》（简称《指导意见》）对林业专业合作社融资的优惠政策作出了具体说明。

1）要求银行业金融机构积极开展林业贷款业务。目前发放林权抵押贷款的金融机构主要是国家开发银行、中国农业发展银行、中国农业银行和农村信用社。《指导意见》明确要求。在已实行集体林权制度改革的地区，各银行业金融机构要积极开办林权抵押贷款业务、林农小额信用贷款和林农联保贷款等业务。同时，支持有条件的林业重点县加快推进组建村镇银行、农村资金互助社和贷款公司等新型农村金融机构，积极开展林权抵押贷款业务。鼓励各类金融机构和专业贷款组织通过委托贷款、转贷款、银团贷款、协议转让资金等方式加强林业贷款业务合作，促进林区形成多种金融机构参与的贷款市场体系。

2）合理延长贷款期限。目前银行业金融机构对林业企业贷款一般不超过 5 年，林农贷款期限一般为 1 年。而林木生产周期较长，综合考虑林木生长周期与银行业金融机构信贷风险控制，《指导意见》要求，银行业金融机构应根据林业的经济特征、资金用途及风险状况等，合理确定林业贷款的期限，林业贷款期限最长可为 10 年。

3）明确小额林农贷款的实际利率负担原则上不超过基准利率的 1.3 倍。《指导意见》要求，银行业金融机构对于符合贷款条件的林权抵押贷款，其利率一般应低于信用贷款利率；对小额信用贷款、农户联保贷款等小额林农贷款业务，借款人实际承担的利率负担原则上不超过中国人民银行规定的同期限贷款基准利率的 1.3 倍。同时，各级财政要加大对林业贷款的贴息支持力度，逐步扩大林业贷款贴息资金规模。

4）人民银行要加大对林区中小金融机构再贷款、再贴现的支持力度。对林业贷款发放比例高的农村信用社等县域存款类法人金融机构，可根据其增加林业信贷投放的合理需求，通过增加再贷款、再贴现额度和适当延长再贷款期限等方式，提供流动性支持。

5）鼓励和支持各级地方财政安排专项资金，增加林业贷款贴息和森林保险补贴资金，建立林业贷款风险补偿基金，或注资设立（参股）担保公司，由担保公司按照市场运作原则，参与林业贷款的抵押、发放和还贷工作。

6）林业贷款的考核适用《中国银监会关于当前调整部分信贷监管政策促进经济稳健发展的通知》（银监发 [2009]3 号）对涉农贷款的相关规定。林业贷款呆账核销、损失准备金提取等适用财政部有关对涉农不良贷款处置的相关规定。

此外，部分地方政府在自主范围内也对林业专业合作社融资的优惠政策作出了规定。如浙江省丽水市政府在推进林权抵押贷款方面。对金融机构进行奖励，鼓励农村信用社、农业银行等向农民林业合作社及其成员提供生产经营性贷款；山东省青岛市各农村金融机构对达到市级"四化"标准的合作社和获得国家、省"农民专业合作社示范社"称号或受到地方政府奖励的农民专业合作社，推行金融超市"一站式"服务和农贷信贷员包社服务，在授信方式、支持额度、服务价格、办理时限等方面给予适当优惠。

4.2 林业贴息贷款

1. 什么是林业贴息贷款?

贴息贷款是指国家为扶持某行业，对该行业的贷款实行利息补贴。比如：国家为扶持农业，对购买种子、化肥等实行低息贷款（为保证银行的利益，不足的利息部分由国家补足给该银行），农民拿到的此类贷款就是贴息贷款。国家为扶持林业可持续的发展，对一些林业项目贷款给予承担全部或部分贷款利息补贴（为保证银行的利益，不足的利息部分由国家补足给该银行），此类贷款称为林业贴息贷款。作为国家扶持林业产业发展的一项重要资金来源，林业贴息贷款政策有力地支持了林业重点工程建设，促进了林业两大体系建设和农村经济结构调整，推动了非公有制林业的发展。更为重要的是,贴息政策带动了更多的社会资本进入林业产业建设领域，扩大了我国林业的发展规模，促进我国林业的规模不断扩大。

2. 林业贴息贷款的扶持范围包括哪些?

1）林业龙头企业以公司带基地、基地连农户的经营形式，立足于当地林业资源开发、带动林区、沙区经济发展的种植业、养殖业以及林产品加工业贷款项目。林业龙头企业须出具公司基地建设证明材料、龙头企业认定文件且在认定有效时限内。

2）各类经济实体营造的工业原料林、木本油料经济林以及有利于改善沙区、石漠化地区生态环境的种植业贷款项目。沙区、石漠化地区指已纳入全国防沙治沙规划和石漠化治理规划的地区。（木业价格木业产品）特别强调的是，林业龙头企业、国有（集体）林场、苗圃和农户林业职工个人（除小额）营造工业原料林（含木本油料）和沙区石漠化地区种植业项目统一在本类中申报。

3）国有林场（苗圃）、集体林场（苗圃）、国有森工企业为保护森林资源，缓解经济压力开展的多种经营贷款项目，以及自然保护区和森林公园开展的森林生态旅游项目。其中自然保护区和森林公园开展森林生态旅游项目必须符合国家有关政策规定并取得权限部门的批准文件，贷款严禁用于楼堂馆所和破坏森林景观的基础设施建设。此项贷款主体仅限于国有林场（苗圃）、集体林场（苗圃）、国有森工企业、自然保护区和森林公园，其他主体开展的多种经营贷款项目和森林生态旅游项目不在贴息范围之列。

4）农户和林业职工个人从事的营造林、林业资源开发和林产品加工贷款项目。在贷款贴息规模既定的前提下，本项重点支持集体林权制度改革后农户和林业职工个人从事的营造林项目，主要扶持油茶、珍贵树种和工业原料林建设。本项中农户和林业职工个人年度贷款额累计低于30万元（含）的按林业小额贷款模式管理由县林业局统一汇总申报，超过30万元的按项目模式管理，必须以个人姓名进行申报。

3. 林业贴息贷款的贷款贴息利率及贴息期限如何规定？

林业贷款中央财政贴息率根据中国人民银行规定的贷款利率变化情况适时调整：金融机构一年期贷款利率为 3%（含）～5% 时，中央财政对地方单位和个人使用的林业贷款项目，按年利率 1.5% 给予贴息；金融机构一年期贷款利率为 5%（含）～7% 时，中央财政对地方单位和个人使用的林业贷款项目，按年利率 2% 给予贴息；金融机构一年期贷款利率高于 7%（含）时，中央财政对地方单位和个人使用的林业贷款项目，按年利率 3% 给予贴息；各类经济实体营造的具有一定规模、集中连片的工业原料林以及种植业林业贷款项目，中央财政贴息期限为 3 年，其余林业贷款项目贴息期限为两年。

4. 林业贴息贷款项目如何申报？

1) 林业贴息贷款项目申报程序如图 4.1 所示。

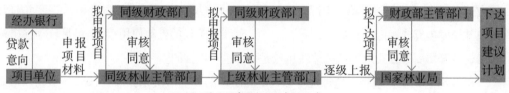

图 4.1　林业贴息贷款项目申报程序

2) 林业贷款贴息资金申报程序如图 4.2 所示。

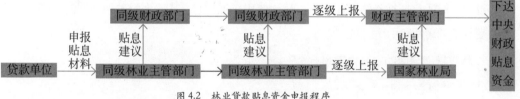

图 4.2　林业贷款贴息资金申报程序

4.3 林权抵押

1. 林权抵押标的物有哪些？

(1) 森林、林木

《物权法》第一百八十条规定可以抵押的财产有建筑物和其他土地附着物；建设用地使用权；以招标、拍卖、公开协商等方式取得的荒地等土地承包经营权；法律、行政法规未禁止抵押的其他财产。《担保法》第三十四条规定可以抵押财产有抵押人依法有权处分的国有的土地使用权、房屋和其他地上定着物；抵押人依法承包并经发包方同意抵押的荒山、荒沟、荒丘、荒滩等荒地的土地使用权；依法可以抵押的其他财产。可见，《物权法》规定的可以抵押的物的范围比《担保法》规定的范围有所扩大。其中，其他土地附着物是指抵押人依法享有所有权的附着于土地之上的除房屋以外的不动产，包括抵押人所有的林木。比如，房前屋后属于公民个人所有的树木，公民个人在自留山、自留地和荒山、荒地、荒坡上种植的林木、集体所有的用材林、经济林、薪炭林，机关、团体、部队、学校、厂矿、农场、牧场等单位种植的林木等。

（2）林地使用权

林地使用权包括林地承包经营权，《物权法》第一百三十三条规定："通过招标、拍卖、公开协商等方式承包荒地等农村土地，依照农村土地承包法等法律和国务院的有关规定，其土地承包经营权可以转让、入股、抵押或者以其他方式流转"。《农村土地承包法》第四十九条规定："通过招标、拍卖、公开协商等方式承包农村土地，经依法登记取得土地承包经营权证或者林权证等证书的，其土地承包经营权可以依法采取转让、出租、入股、抵押或者其他方式流转"。《担保法》第三十四条第一款第五项中规定可以抵押的财产包括"抵押人依法承包并经发包方同意抵押的荒山、荒沟、荒丘、荒滩等荒地的土地使用权"。可见，通过招标、拍卖、公开协商等方式取得的林地使用权是可以进行抵押的。

抵押物上无权利瑕疵，抵押人有林权证。所谓的权利瑕疵是指所有权或用益物权瑕疵，即在抵押物上存在两个或两个以上的所有权或用益物权，这与物权法所要求的"一物一权"原则相违背。在林权抵押上，林权证在《物权法》上具有公示公信的效力。

抵押时应注意抵押物的牵连关系，林地使用权抵押时，其地上附着物须同时抵押，但不得改变林地的属性和用途。

2. 林权抵押合同的主要内容是什么？

（1）林权抵押合同的订立

合同的订立是指合同的当事人经过协商就合同的主要条款达成合议。根据《物权法》第一百八十五条第一款的规定："设立抵押权，当事人应当采取书面形式订立抵押合同。"当事人订立林地承包经营权抵押合同时，必须采取书面形式。

（2）合同的主要内容

《合同法》第十二条规定，合同的内容由当事人约定，一般包括当事人的名称或者姓名和住所；标的；数量；质量；价款或者报酬；履行期限；地点和方式；违约责任；解决争议的方法等合同条款。根据《物权法》和《合同法》的相关规定，林地承包经营权抵押合同一般应包括以下内容。

第一，抵押人、抵押权人、债务人的名称或姓名、住所。抵押可以由债务人以外的第三人提供财产以保障债权人权利的实现。因此，林地承包经营权抵押合同的抵押人既可以是主债权中的债务人，也可以是债务人以外的抵押人，但抵押人必须是该抵押林地的承包经营权人。

第二，被担保的主债权的种类和数额。一般来说，抵押责任有特定的范围，抵押合同中应当明确约定所担保的主债权的种类和具体数额。

第三，债务人履行债务的期限。债务没有到履行期限，债务人并无清偿的责任，债权人不能请求债务人履行债务。可见，抵押权的实现，必须等到债务人履行债务期限届满。因此，合同当中应明确约定债务人履行债务的期限，否则该抵押权无法实现。

《森林资源资产抵押登记办法（试行）》第六条规定，森林资源资产抵押担保的期限，由抵押双方协商确定，属于承包、租赁、出让的。最长不得超过合同规定的使用年限减去已承包、出让年限的剩余年限；属于农村集体经济组织将其未发包的林地使用权抵押的，最长不得超过 70 年。根据《物权法》的规定，如果属于特殊情况，经国家林业主管部门批准，林地承包经营权延长超过 70 年的，应该不在此限。

第四，抵押的林地使用权或者承包经营权的内容。合同应当写明抵押的林地使用权或者承包经营权的林地名称、坐落、面积、质量等级，使用权或者承包经营权的期限，所有权、使用权或者承包经营权的权属等内容。

根据《森林法》的规定，能够抵押的林地使用权只能是用材林、经济林、薪炭林的林地使用权，用材林、经济林、薪炭林的采伐迹地、火烧迹地的林地使用权，以及国务院规定的其他林地使用权。此外，抵押的林地上所生产的林木或林木的孳息，比如经济林生产出来的水果或其他经济作物，是否属于抵押所担保的标的物，要在合同中明确约定，以免事后发生纠纷。

第五，当事人的权利与义务。抵押人和抵押权人的权利义务内容由法律规定或当事人的约定，当事人的约定不得与法律的强制性规定冲突。

第六，违约责任。违约责任是指当事人不履行合同债务而依法承担的法律责任。违约责任的方式主要有继续履行、赔偿损失、违约金、定金罚则及其他方式。

第七，争议解决方式。争议解决方式是指当林地承包经营权抵押合同当事人就合同的履行发生纠纷时，解决纠纷的具体方式。解决纠纷的方式主要包括和解、调解、仲裁、诉讼以及行政手段解决。

第八，需要约定的其他事项。当事人认为需要约定的其他事项，也可以在合同中约定。例如当事人认为有必要对抵押权的实现方式、抵押物的变卖、拍卖方法进行约定的，则可以在合同中约定。对于违反法律规定的事项，当事人不得约定，例如约定抵押权人可以将该林地转化为非林业生产所用。

3. 林权抵押面临哪些风险？

（1）林权作为抵押物自身的风险

由于林业投资周期较长以及森林资源自身的特殊性，受自然条件和影响大，不确定因素较多，林权作抵押物存在一定的风险，主要表现如下：① 森林资源一般位于远离城市的乡镇山区，并且面积大、分布管理起来十分困难，存在盗砍滥伐隐患；② 森林资产是"活"的自然资源，在其生长过程中也会发生生病、虫害等风险，导致抵押物价值减少；③ 森林火灾、重大的自然灾害时有发生，而一旦抵押的森林资产发生火灾或遭遇重大自然灾害如地震、洪水等，可能造成抵押物部分或全部灭失。

（2）林权抵押权实现的风险

林权抵押的抵押权实现可能涉及林木采伐和出售，而林木的特殊性在于它不仅有商品价值还有重要的生态价值，因此国家对林木采伐、销售有着严格的规定。除了采伐房前屋后和田间地头零星林木之外，其他的采伐行为均需向林业行政主管部门申请采伐许可证，并按照额定的数量实施采伐、销售。在实现抵押权的过程中，采伐许可证的获得与否、获得的期限存在不确定性因素，可能影响抵押权实现的效率。

（3）政策风险

森林资源资产抵押债权银行后，将出现两种情形：一是担保期间，林地被国家建设征用、征收。二是担保期间，有权部门依据国家政策的调整将该森林列为禁止流转或限制流转的林地，或列为公益生态林，届时债权银行抵押权将被悬空。

4. 林权抵押贷款有哪些实践模式？

纵观全国金融机构在以林权抵押贷款的实践中，主要有以下两种模式。

（1）林木直接抵押贷款

指林权所有者以其林森所有权的林权证上记载的权利为抵押物，将林权证直接抵押给金融机构的贷款模式，这种模式减少了林农申请贷款的成本。

（2）林权反担保贷款

由金融机构在担保机构的担保下向贷款人发放贷款，而借款人以林权证向担保机构提供反担保的一种贷款模式。提供担保的单位又可分为 3 种：一是政府出资组建的担保中心，二是按商业原则组建的担保公司，三是信用建设促进会，农村党员信用担保会等中介组织。

5. 林权抵押贷款的一般程序是什么？

1）与金融机构进行协商，达成贷款意向，一般林业放贷金融机构为农行或信用社；

2）找有林业评估资质的评估机构，进行抵押贷款评估；

3）拿到评估报告后，再将林权证、公司营业执照（或个人身份证）去放贷银行办理抵押申请和贷款申请；

4）银行受理后，签订抵押合同和贷款合同；

5）到当地县级林业系统办理林权抵押登记，取得林权抵押证明或他项权证；

6）将林权证、抵押证明（或他项权证）交银行，银行放款。

6. 林权抵押登记有几种情形?

（1）林权抵押权设立登记

根据抵押人、抵押权人的申请，登记机关依法将抵押权设立的事项在林权登记簿上予以记载的行为。

（2）林权抵押权变更登记

指抵押人、抵押权人就被担保主债权种类和数额、抵押担保范围、抵押期限等作出变更决定，并持变更协议、林权证 、林权抵押登记证明书等证明文件。向原登记机关申请变更，登记机关审核后依法予以办理的行为。

（3）林权抵押权注销登记

林权抵押合同期满或者抵押人与抵押权人协商同意提前解除抵押合同，主债权消灭、抵押权实现、抵押权人放弃抵押权、法律规定抵押权消灭的其他情形的，持林权抵押合同或解除合同协议、林权证、林权抵押登记证明书向原林权抵押登记机关申请解押，原林权登记机关予以办理的行为。

7. 林权抵押贷款登记的流程是什么?

（1）程序

1）个人申请，银行同意。

2）中介评估机构对其森林资源资产进行评估出具评估报告。

3）抵押人与银行签订《贷款合同》。

4）办理林权抵押登记手续：填写林权抵押登记申请书；林权登记机关在林权抵押贷款的林权证相应宗地号的注记栏内签盖林权抵押贷款登记专用章；林权登记机关出具《林权抵押登记证明书》。

5）银行放贷。

（2）应提供的材料

1）林权抵押登记申请表。

2）抵押人（借款人）夫妻双方身份证和婚姻证明。

3）银行抵押合同。

4）林权证。

5）拟抵押森林资源资产评估报告。

8. 担保公司担保林权抵押贷款登记的流程是什么?

（1）程序

1）个人申请，担保公司和银行同意。

2）中介评估机构对其森林资源资产进行评估并出具评估报告。

3）担保公司签订担保合同。

4）办理林权登记手续：填写林权抵押登记申请书；林权登记机关在林权抵押贷款的林权证相应宗地号的注记栏内签盖林权抵押贷款登记专用章；林权登记机关出具《林权抵押登记证明书》。

5）银行放贷。

（2）应提供的材料

1）林权担保抵押登记申请表。

2）抵押人（借款人）夫妻双方身份证明和婚姻证明。

3）抵押人与担保公司签订的担保合同。

4）林权证。

5）拟抵押森林资源资产的相关资料，包括林地类型、坐落位置、四至界址、面积、林种、树种、林龄、蓄积量等。

6）拟抵押森林资源资产评估报告。

7）林权登记机关要求提交的其他材料。

9. 林权抵押登记申请书的样式是什么?

森林资源资产抵押登记证

抵押人			法定代表人	
			身份证号	
抵押权人			法定代表人	
抵押物情况	林权证号			
	坐 落	乡(镇)　　　　村　　　　组(自然村)		
		小地名:　　　　林班:　　　　小班:		
	四 至	东:　　　　西:　　　　南:　　　　北:		
	面 积	亩　林 种		主要树种
森林资源资产评估价值				
被担保的主债权各类,金额				
抵 押 期	起:			
	止:			
权利共有人说明				
说 明	1)抵押人提供的林权证有效, 权属明确; 2)抵押期间, 未经抵押权人同意, 不予发放所抵押的林木采伐许可证,不予办理抵押物林权变更手续。			

　　根据《中华人民共和国担保法》《中华人民共和国森林法》的规定, 经审核该森林资源资产已抵押, 合法有效, 准予登记, 特发此证。

登记机关(盖章)

登记日期:　　年 月 日

注：1. 抵押借款金额源自双方当事人提供的抵押合同及有关资料。

　　2. 本证一式四份, 抵押人、抵押权人(银行)、资源股、林权登记中心各一份存档。

　　3. 资源股收到此证, 在抵押期间未经抵押人同意, 不得发放抵押林木采伐许可证, 林权登记中心, 在抵押期间不予办理抵押物林权变更登记。

10. 林权抵押登记的管理部门有哪些？

《物权法》第十条第一款规定：不动产登记，由不动产所在地的登记机构办理。《担保法》第四十二条规定："办理抵押物登记的部门如下：……（三）以林木抵押的，为县级以上林木主管部门"。因此，为了便于抵押当事人开展抵押活动，也为了更有利于林权抵押登记部门加强林权抵押登记工作的管理，本条明确规定"依法将林权进行抵押的，应当向原办理林权登记的县级以上地方人民政府林业主管部门申请办理抵押登记。"同时规定"抵押权变更或者消灭的，当事人应当向原办理抵押登记的林业主管部门申请办理抵押变更、注销登记"。也就是说，林权抵押登记工作，包括林权抵押权的设立、变更、注销登记，由原办理林权登记的县级以上地方人民政府林业主管部门负责。

11. 抵押登记需要遵循什么程序？

国家林业局《森林资源资产抵押登记办法（试行）》第十条规定，办理森林资源资产抵押应当遵循以下程序：

1）抵押事项的申请与受理。林权抵押是一种民事行为，抵押双方就抵押事项进行协商并达成一致意见后，启动抵押人申请和抵押权人受理程序。

2）抵押物审核与权属认定。抵押人向抵押权人出具县级以上地方人民政府核发的林权证和载有拟抵押森林资源资产的林地类型、坐落位置、四至界址、面积、林种、树种、林龄、蓄积等内容的相关资料供抵押权人审核。

3）抵押物价值评估及评估项目的核准、备案。对拟抵押的森林资源资产进行评估不是必经程序，抵押权人要求对拟抵押森林资源资产进行评估的，抵押人经抵押权人同意可以聘请具有森林资源资产评估资质的评估机构和人员对拟作为抵押物进行评估，抵押权人不要求进行评估的，也可以不评估。

4）签订抵押合同。在抵押人与抵押权人协商一致后，签订林权抵押合同。

5）申请抵押登记。由抵押权人和抵押人向林业主管部门申请林权抵押，提交申请材料包括：森林资源资产抵押登记申请书；抵押人和抵押权人法人证书或个人身份证；抵押合同；林权证；拟抵押森林资源资产的林地类型、坐落位置、四至界址、面积、林种、树种、林龄、蓄积量等相关资料；拟抵押森林资源资产评估报告；抵押登记部门认为应提交的其他文件。

6）办理抵押登记手续。林业主管部门主要审核以下内容：①申请人所提供的文件资料是否齐全、真实、有效；②借款合同、抵押贷款合同是否真实、合法；③抵押物权属是否清楚、有效；④抵押物是否重复登记；⑤抵押物中是否有属于禁止抵押的内容；⑥抵押期限是否超出有关法律法规规定的年限。经审核符合登记条件的，林业主管部门应当于受理登记申请材料后 15 个工作日内办理完毕登记手续，同时建立森林资源资产抵押贷款登记备案制度，如实填写森林资源资产抵押登记簿，以备查阅。

7）核发抵押登记证明书。对符合抵押物登记条件的，林业主管部门应在该抵押物的林权证的"注记"栏内载明抵押登记的主要内容，发给抵押权人森林资源资产抵押登记证，并在抵押合同上签注森林资源资产抵押登记证编号、日期，经办人签字、加盖公章；对不符合抵押登记条件的，书面通知申请人不予登记并退回申请材料。

12. 办理林权抵押登记应提交哪些材料？

1）林权抵押登记申请表。申请表内容是抵押当事人向登记机关申请林权抵押权登记的意思表示。抵押当事人都应当具有民事行为能力，申请人也可以委托代理人向登记机关提出申请。申请表的主要内容应当包含：一是抵押人、抵押权人的基本情况；二是抵押物状况。包括抵押担保的范围，抵押物名称、数量、权属情况及证书号等；三是债务人履行债务的期限；四是抵押当事人签字盖章；五是登记机关审查或审核意见。

2）申请人的身份证明。林权抵押登记申请人包括抵押人、抵押权人。其中，抵押人包括自然人、法人和其他组织；抵押权人一般是农行、开发行、农信社等金融机构。这里的身份证明同样是个统称，要根据不同申请主体提交相应的身份证明。就抵押人而言，法人或其他组织的为组织机构代码证，没有组织机构代码证的，可以为营业执照、事业单位法人证书、社会团体法人登记证书，及法定代表人的身份证明等。境内自然人的为居民身份证，无居民身份证的可以为户口簿等有效身份证件；港澳同胞的为居民身份证、台湾同胞的为在台湾地区居住的有效身份证件，或经有关部门确认为港澳台同胞的身份证明；外国人的按照国家规定提交有效身份证明。

3）主合同、抵押合同。按照《物权法》规定，成立主债权的合同是主合同，主债权是指债权人与债务人之间因债的法律关系而产生的债权，在抵押关系中它的具体表现形式主要是借款合同。抵押合同是指债权人与债务人或者第三人为设立、变更或者终止担保法律关系而为的法律行为。相对于主合同，抵押合同是从合同，即除法律另有规定外，主合同无效，抵押合同无效，另外，《担保法》第五十二条规定"抵押权与其担保的债权同时存在，债权消灭的，抵押权也消灭。"因此，抵押合同是从属于借款合同的从合同。由于抵押在社会经济生活中影响巨大，因此，《担保法》第三十八条规定"抵押人和抵押权人应当以书面形式订立抵押合同"。《物权法》第一百八十五条规定"设立抵押权，当事人应当采取书面形式订立抵押合同，抵押合同一般包括下列条款：（一）被担保债权的种类和数额；（二）债务人履行债务的期限；（三）抵押财产的名称、数量、质量状况、所在地、所有权归属或者使用权归属；（四）担保范围"。从上述规定可以看出，抵押合同作为要式合同，必须以书面形式订立。需要注意的是，在实践中一些抵押合同与主债权合同是表现在同一份合同中。这种情况下，虽然在形式上是一份合同，但实际包含了两个法律关系，即债权债务法律关系和抵押法律关系，登记机构可以为这类登记申请办理相应登记。

4）中华人民共和国林权证。根据《森林法》的规定，林权证是确认森林、林木和林地所有权、使用权的法律凭证，所以，申请林权抵押登记应当提供记载有拟抵押林权内容的林权证，以证明抵押人有权将拟抵押物进行抵押。

5）法律、法规规定的其他有关材料。此为兜底条款，如，根据《村民委员会组织法》以及国有资产管理相关法律法规规定，以村集体林权抵押的，应当提交本集体经济组织成员的村民会议 2/3 以上成员或 2/3 以上村民代表同意抵押的决议；以乡（镇）集体林权抵押的，应提交乡（镇）人民政府同意抵押的证明文件，以国有林权抵押的，应提交有权部门同意抵押的证明文件。另外，法律、法规规定应当进行资产评估的，还要提交已评估的证明文件，等等。

4.4 融资担保、林业基金和林权收储

1. 什么是融资担保？

融资担保是担保业务中最主要的品种之一，是随着商业信用、金融信用的发展需要和担保对象的融资需求而产生的一种信用中介行为。

2. 融资担保有哪些种类？

融资担保的主要类型如图 4.3 所示。

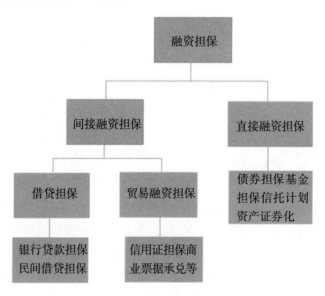

图 4.3　融资担保的主要类型

3. 什么是林业信托担保?

林业信托担保是林业经营者为了保障融资安全而设立的特殊信托架构。广义的林业信托担保应当包括一切为林业融资活动提供的信托担保;狭义的则仅指以林业资产为信托财产为林业经营提供融资担保的法律行为,本文取狭义理解。与传统的林业担保相比,林业信托担保将林业财产置于担保关系中的核心地位,在现有的法律框架内拓展担保物的渊源,以巩固担保的保障功效,同时使林业资产的经营管理更加灵活化,消除传统的转让或转租模式对林业资产经营的僵化和阻滞。

4. 什么是林业基金?

林业基金是林业主管部门用于发展林业的专项资金,在银行专户存储,专款专用,任何部门和单位不得挪用或占用。林业基金用于发展用材林、经济林等商品性林业的,实行有偿周转使用,限期回收,并取得积累;用于不能取得直接经济收益的营林支出(如护林防火等),实行无偿使用。各级财政拨款用于营林的资金,由林业部门建立有偿回收制度,回收的资金继续留给林业部门周转,用于扩大营林再生产。

5. 林业基金有哪些主要来源?

1)各级财政拨款用于营林的资金;

2)国家有关部门通过各级林业部门安排的造林投资;

3)各级林业部门按规定征收、提取的育林基金;

4)各级林业部门用林业基金投资、开发、经营的用材林、经济林的纯收益;

5)县林业部门从支付给林农木材收购价款中预留的森林资源更新费,由于林农没有更新造林,不退还给林农而由林业部门统一用于造林的资金;

6)经营木材采伐、收购的森工企业,超过地方财政部门核定的利润(所得税)增盈部分或亏损包干基数减亏额分成部分,按比例提出的用于发展林业生产的资金;

7)其他经当地人民政府或财政部门批准作为林业基金的收入。

6. 什么是林权收储?

林权收储是一个新名词,是指经政府部门批准林权担保机构,依照核准程序和权限,对通过流转、收购、赎买、征用或其他方式取得林权,通过储存或前期开发整理,向社会提供担保的行为。它是伴随集体林权制度改革产生的新生事物。在林权处置中,如果能够采取"收储"的方式,即借款人、贷款人、抵押人与收储中心签订多方协议,完善林权担保方式,即可形成符合林业发展实际的金融支持模式。该模式正在浙江、福建等林改先行省份试行,它对于解决融资难的问题提供一种双赢的思路。

7. 融资服务相关参考书籍有哪些?

1)《林业投融资改革与金融创新》(马九杰、李歆著,中国人民大学出版社2008年出版)。

2)《中国林业投融资国际研讨会论文集》(中国大地出版社2006年出版)。

3)《煤矿区林业复垦融资机制研究》 (王志芳著,中国财政经济出版社2008年出版)。

第 5 章　风险防范服务

第 5 章　风险防范服务

5.1 林业灾害

1. 什么是林业风险？

林业风险是在林业生产和经营过程中，资源条件、自然环境、市场环境、政策环境、以及林业内部等不利因素对林业生产、增收和林业可持续性带来的危害和损失。

2. 有哪些种类的林业风险？

引发林业风险的因素主要有：自然灾害，人为破坏，技术因素，市场变动因素，政策性因素等。根据以上林业风险因素，林业风险分为自然风险、人为风险、经营风险、技术风险、市场风险、政策性风险和行业风险。这些风险常常会同时存在于森林培育和林业生产经营的各个阶段。

3. 何谓林业"三害"？

森林是陆地生态系统的主体，在漫长的生长周期内，它会遭到火灾、病虫害、雪压、冻害、干旱、风沙、洪涝、泥石流等自然灾害以及乱砍滥伐、肆意毁林开荒等人为因素的破坏，使森林资源大幅度消减，严重地影响了林业生产的发展，并使生态环境恶化，直接威胁着人类和野生动、植物的生存。其中，森林火灾、病虫鼠害和乱砍滥伐危害最大，所以被称为林业"三害"。如 1987 年 5 月，大兴安岭特大森林火灾的受害森林面积达 100 多万公顷，至今人们记忆犹新。森林病虫鼠害是"不冒烟的森林火灾"，近几年来，全国每年发生森林病虫鼠害面积 8000 万公顷左右，损失林木生长量 1700 万平方米，造成经济损失约 50 亿元。

我国是一个少林国家，平均每人占有森林面积很少，所以，保护森林，特别是控制"三害"就显得格外重要。

4. 我国森林在生长期遇到的主要灾害有哪些？

1）火灾。森林火灾是世界性的最大森林灾害。森林火灾按起火原因可以分为两类：一是人为火，二是自然火（雷击）。大多数森林火灾都是人为原因引起的。

2）病虫害。森林病虫害的种类繁多。据有关部门资料统计约有数千种，近年来松毛虫是林业中的第一大害虫。病虫害对林木及其果叶产品所造成的损失很难估算，因此对病虫害目前暂不承保。

3）风灾。对中成林和各种果树林危害较大，往往形成大面积的折枝拔根等而造成巨大灾害。

4）雪灾。冬季山区连降大雪，在树枝上挂满了长长的冰凌，从而使树茎负重过大，造成树顶或主枝折断，影响树木正常生长。雪灾主要危害杉林和竹林。

5）洪水。由于山洪或河道缺口，造成树木的倒伏或埋没。

5. 有关森林保护的条例有哪些？

为了保护森林资源，防止火灾、滥伐和有效地控制森林病虫害，国务院先后发布了以下条例：

1）1963 年 5 月 27 日发布《森林保护条例》。

2）1983 年 1 月 3 日发布《植物检疫条例》；1992 年 5 月 13 日重新修改颁布。

3）1988 年 1 月 16 日发布《森林防火条例》。

4）1989 年 12 月 18 日发布《森林病虫害防治条例》。

这些条例的发布，标志着我国的森林保护工作已纳入了法制轨道，将进入靠政策、靠科学、靠法制对我国的森林进行保护的新阶段，必将推动森保工作的进一步开展。

5.2 森林防火

1. 什么是森林火灾与森林防火？

森林火灾，是指失去人为控制，在林地内自由蔓延和扩展，对森林、森林生态系统和人类带来一定危害和损失的林火行为。森林火灾是一种突发性强、破坏性大、处置救助较为困难的自然灾害。林火发生后，按照对林木是否造成损失及过火面积的大小，可把森林火灾分为森林火警（受害森林面积不足 1 公顷或其他林地起火）、一般森林火灾（受害森林面积在 1 公顷以上 100 公顷以下）、重大森林火灾（受害森林面积在 100 公顷以上 1000 公顷以下）、特大森林火灾（受害森林面积 1000 公顷以上）。

森林防火，是指森林、林木和林地火灾的预防和扑救。森林扑火要坚持"打早、打小、打了"的基本原则。1988 年 1 月 16 日国务院发布的《森林防火条例》规定：森林防火工作实行"预防为主，积极消灭"的方针。森林防火工作实行各级人民政府行政领导负责制。林区各单位都要在当地人民政府领导下，实行部门和单位领导负责制。预防和扑救森林火灾，保护森林资源，是每个公民应尽的义务。

2. 地方各级人民政府的预防和扑救有哪些具体工作?

1）规定森林防火期,在森林防火期内,禁止在林区野外用火;因特殊情况需要用火的,必须经过县级人民政府或者县级人民政府授权的机关批准;

2）在林区设置防火设施;

3）发生森林火灾,必须立即组织当地军民和有关部门扑救;

4）因扑救森林火灾负伤、致残、牺牲的,国家职工由所在单位给予医疗、抚恤;非国家职工由起火单位按照国务院有关主管部门的规定给予医疗、抚恤,起火单位对起火没有责任或者确实无力负担的,由当地人民政府给予医疗、抚恤。

3. 森林防火机构有哪些?

森林防火机构如图 5.1 所示。

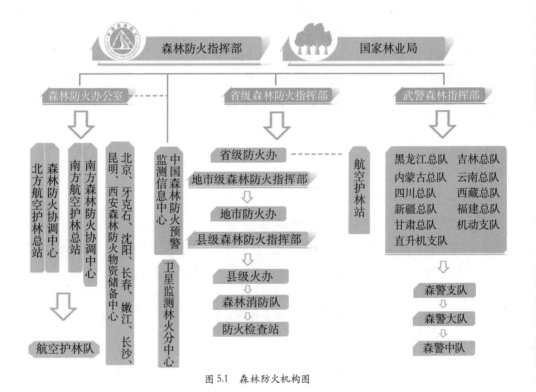

图 5.1　森林防火机构图

4. 森林防火办公室有哪些职能?

组织、协调、指导和监督森林防扑火工作,组织开展森林防火安全检查和宣传教育;指导森林消防队伍建设;制定森林防火应急预案并组织实施,组织协调较大以上森林火灾扑救工作,配合查处森林火灾案件;承担省森林防火指挥部的日常工作。

5. 森林防火工作实行何种负责制?

森林防火工作实行各级人民政府行政领导负责制。各级林业主管部门对森林防火工作负有重要责任,林区各单位都要在当地人民政府领导下,实行部门和单位领导负责制。

6. 森林防火期内在林区严禁哪些用火?

① 野外吸烟;② 上坟烧纸、烧香等;③ 夜间走路使用火把;④ 野外取暖、野炊;⑤ 火车、汽车的司乘人员和乘客向车外抛扔烟头等火种;⑥ 其他野外非生产用火。

7. 扑救森林火灾的战略有哪几种?

1) 划分战略灭火地带。根据火灾威胁程度不同,划分为主、次灭火地带。在火场附近无天然和人为防火障碍物,火势可以自由蔓延,这是灭火的主要战略地带。在火场边界外有天然和人工防火障碍物,火势不易扩大,当火势蔓延到防火障碍物时,火会自然熄灭。这是灭火地次要地带。先灭主要地带的火,后集中消灭次要地带的火。

2) 先控制火灾蔓延,后消灭余火。

3) 打防结合,以打为主。在火势较猛烈的情况下,应在火发展的主要方向的适当地方开设防火线,并扑打火翼侧,防止火灾扩展蔓延。

4) 集中优势兵力打歼灭战。火势是在不断变化之中的,扑火指挥要纵观全局,重点部位重点布防,危险地带重点看守,抓住扑火的有利时机,集中优势力量扑火头,一举将火消灭。

5) 牺牲局部,保存全局。为了更好地保护森林资源和人民生命财产安全,在火势猛烈、人力不足的情况下,采取牺牲局部、保护全局的措施是必要的。保护重点和次序是:先人后物,先重点林区后一般林区;如果火灾危及林子和历史文物时,应保护文物后保护林子。

6) 安全第一。扑火是一项艰苦的工作,紧张的行动,往往会忙中出错,乱中出事。扑火时,特别是在大风天扑火,要随时注意火的变化,避免被火围困和人身伤亡。在火场范围大、扑火时间长的过程中,各级指挥员要从安全第一出发,严格要求,严格纪律,切实做到安全打火。

8. 森林火灾扑救的基本方法有哪几种?

扑救林火有人工扑打、用土灭火、用水灭火、用气灭火、以火灭火、开设防火线阻止火灾蔓延、人工降雨、风力灭火机、化学灭火、爆炸灭火和航空灭火等基本方法。

扑火机具主要有用于扑灭明火和余火、开防火线的机具。包括风力灭火机、二号扑火机具、手投式灭火弹、小型水泵、水枪、砍刀、铲子、锄头、耙子和割灌机、油锯、锯子、斧子、锄头、炸药等。

扑灭森林火灾主要有两种形式,一种是直接灭火方法(也称积极灭火法或进攻型灭火方法),另一种是间接灭火方法(也称建立防火线隔离法或以守为攻型灭火方法)。直接灭火方法是使用灭火机具直接与火交锋，使火停止燃烧。这种方法一般适用于弱度、中度地表火（人能靠近灭火），不适合猛烈燃烧的大火或树冠火。直接灭火法采用的机具很多，可以使用机械扑火工具，也可以用化学灭火药剂、水、土。间接灭火法主要是建立防火隔离带，如开防火线、挖防火沟、以火攻火等。它主要适用于猛烈燃烧的地表火、树冠火和难灭的地下火。

9. 森林火灾扑救主要分哪几个阶段？

根据森林火灾发生规律和扑火特点，扑救森林火灾必须遵循"先控制，后消灭，再巩固"的程序，分阶段地进行。① 控制火势阶段。即初期灭火阶段，也是扑火最紧迫的阶段。其任务主要是封锁火头，控制火势，把火限制在一定的范围内燃烧。② 稳定火势阶段。在封锁火头、控制火势后，必须采取更有效措施扑打火翼，防止火向两侧扩展蔓延，是扑火最关键阶段。③ 清理余火阶段。火被扑灭后，必须在火烧迹地上进行巡逻，发现余火要立即熄灭。④ 看守火场阶段。主要任务是留守人员看守火场。一般荒山和幼林地起火监守 12 个小时，中龄林、成龄林地起火监守 24 个小时以上，方可考虑撤离，目的是防止余火复燃。

5.3 林业病虫害防治

1. 林业有害生物有哪些？

为规范林业植物检疫工作，有效防范林业有害生物传播扩散，根据《植物检疫条例》和《植物检疫条例实施细则（林业部分）》的有关规定，国家林业局以 2013 年第 4 号公告发布了新的"全国林业检疫性有害生物名单"和"全国林业危险性有害生物名单"。新的"全国林业检疫性有害生物名单"14 种，"全国林业危险性有害生物名单"190 种。在我国社会经济持续发展、外来有害生物的不断入侵以及本土有害生物发生变化的新形势下，新名单的发布将更具适用性，也更加适应林业有害生物防治检疫工作的实际情况。

2. 我国的十大森林病虫害是指哪些？

我国是一个森林病虫害较为严重的国家，全国森林病虫害种类共有 8000 多种，经常造成危害的有 200 多种，其中目前危害较严重的"十大"病虫害有：松毛虫、美国白蛾、杨树蛀干害虫、松材线虫、日本松干蚧、松突园蚧、湿地松粉蚧、大袋蛾、松叶蜂、森林害鼠。

3. 森林病虫害防治工作由谁负责？

森林病虫害防治实行"谁经营，谁防治"的责任制度。防治工作由各级林业主管部门负责组织。具体说全国的森林病虫害防治由国务院林业主管部门主管，县级以上地方各级人民政府林业主管部门主管本行政区域内的森林病虫害防治工作，其所属的森防机构负责森林病虫害防治的具体组织工作。区、乡林业工作站负责组织本区、乡的森林病虫害防治工作。

4. 要做好森林病虫害的预防工作，森林经营单位和个人在森林经营活动中应当遵守什么规定？

森林病虫害的发生和为害，与人类不恰当的生产经营活动有着直接的关系，为了防止病虫害的进一步危害，森林生产、经营单位或个人应当遵守下列规定：

1）植树造林应当遵循适地适树的原则，造林设计方案必须有森林病虫害防治措施，提倡营造混交林，合理搭配树种，依照国家规定选用林木良种；

2）禁止使用带有危险性病虫害的林木种苗进行育苗和造林；

3）对幼龄林和中龄林应当及时进行抚育管理，清除已经感染病虫害的林木；

4）有计划地实施封山育林，改变纯林生态环境；

5）及时清理火烧迹地，伐除受害严重的过火林木；

6）采伐后的林木应当及时运出伐区并清理现场。

5. 森林病虫害防治费用如何规定？

对全民所有的森林和林木，依照国家有关规定，分别从育林基金、木竹销售收入、多种经营收入和事业费中解决。集体和个人所有的森林和林木，由经营者负担，地方各级人民政府可以给予适当扶持。

对暂时没有经济收入的森林、林木和长期没有经济收入的防护林、水源林、特种用途林的森林经营单位和个人，其所需的森林病虫害防治费用由地方各级人民政府给予适当扶持。

发生大面积暴发性或危险性病虫害，森林经营单位或者个人确实无力负担全部防治费用的，各级人民政府应当给予补助。

6. 什么是生物防治？

生物防治是利用有益生物或其他生物来抑制或消灭有害生物的一种防治方法，内容包括：

1）利用微生物防治。常见的有应用真菌、细菌、病毒和能分泌抗生物质的抗生菌，如应用白僵菌防治马尾松毛虫（真菌），苏云金杆菌各种变种制剂防治多种林业害虫（细菌），病毒粗提液防治蜀柏毒蛾、松毛虫、泡桐大袋蛾等（病毒），5406 防治苗木立枯病（放线菌）微孢子虫防治舞毒蛾等的幼虫（原生动物），泰山 1 号防治天牛（线虫）。

2）利用寄生性天敌防治。主要有寄生蜂和寄生蝇，最常见有赤眼蜂、寄生蝇防治松毛虫等多种害虫，肿腿蜂防治天牛，花角蚜小蜂防治松突圆蚧。

3）利用捕食性天敌防治。这类天敌很多，主要为食虫、食鼠的脊椎动物和捕食性节肢动物两大类。鸟类有山雀、灰喜鹊、啄木鸟等捕食害虫的不同虫态。鼠类天敌如黄鼬、猫头鹰、蛇等，节肢动物中捕食性天敌有瓢虫、螳螂、蚂蚁等昆虫外，还有蜘蛛和螨类。

7. 林业风险防范相关参考书籍有哪些?

1)《基于 3S 技术的云南省松材线虫病风险评估》(石雷著,中国林业出版社 2010 年出版);

2)《新型农药无风险施用 100 条》(杨向黎、张梅凤主编,化学工业出版社 2013 年出版);

3)《中国林业生物安全风险管理》(赵宇翔著,中国林业出版社 2013 年出版);

4)《中国林业生物安全法律法规、政策与管理研究》(吴坚等编著,中国林业出版社 2012 年出版)。

第 6 章　森林保险服务

第6章 森林保险服务

6.1 森林保险基础知识

1. 什么是森林保险?

森林保险也称为林业保险,它是指在林业生产过程中,因约定的、人力不可抗拒的自然灾害和意外事故造成的经济损失,保险人按照保险合同规定向被保险人提供经济补偿的一项保险业务。它是一种以林木为保险标的的保险,我国目前有用材林保险、防护林保险、人工松木林保险、混合林保险等具体险种。

2. 森林保险范围遵循哪些原则?

目前森林保险范围遵循的原则是:① 经过最大努力仍然无法抗拒的自然灾害和意外事故;② 经营者无法承受;③ 可以核实。火灾是目前森林保险的首选险种。

3. 森林保险有什么作用?

森林保险作为增强林业风险抵御能力的重要机制,不仅有利于林业生产经营者在灾后迅速恢复生产,促进林业稳定发展,而且可减少林业投融资的风险,有利于改善林业投融资环境,促进林业持续经营。同时,通过开拓森林保险市场,有利于保险业拓宽服务领域,优化区域和业务结构,有利于培育新的业务增长点,做大做强保险业。因此,开展森林保险对实现林业、保险业与银行业互惠共赢、共促发展有着重要的意义。

森林保险作为增强林业风险抵御能力的重要机制,对于减少森林风险发生,分散风险起到了积极的作用。具体而言,森林保险具有如下作用:

首先,通过保险获得经济补偿,保障林业生产经营者的利益,有利于减轻政府救灾压力,有利于林业生产经营者在灾后迅速恢复再生产,促进林业稳定发展,促进社会稳定。

其次,森林保险可以改善林业和林业经营主体的信用地位,便于其获得贷款,对林业资金融通起到配套保障作用。目前,银行在发放信贷支持林业发展的过程中,为规避贷款风险,往往要求借款人对抵押或形成的林木资产投保。如果没有相应的风险保障机制,无法通过保险转嫁风险,就会影响金融资金流向林业,不利于林业的可持续发展。

最后,森林保险是政府进行林业扶持和保护的一种重要手段。WTO 规则不允许政府对林产品出口进行直接的价格补贴，但允许通过保险等其他非价格手段进行补贴。因此，我们可以利用这一规则，积极开办森林保险，扶持本国林业发展。

可见，探讨新形势下我国森林保险问题，对于保障林业再生产顺利进行，推动林业的可持续发展具有重要的意义。

4. 森林保险有哪些特点？

由于林业生产具有周期长、环节多、不稳定程度大等特点，因此，林业保险不同于一般的商业保险，比其他险种经营难度更大。具体来说，林业保险主要有 5 个特点：一是危险难以测定。由于林业风险难以预测，还有突发性的特点，导致林业灾害事故发生极不规则，各地区之间以及同一地区不同年份的灾害程度也不一样，而且林区有关灾害的资料缺少；二是损失难以测定。因受灾害时间和受灾程度不一样，经济损失也就不一样；三是赔偿处理麻烦。林区地域广泛，出险调查、查勘损失，费时费力，求证不易，经济上加重保险人负担，同时鉴于损失不易查勘，难免也会发生道德危险；四是赔付率高，盈利性差。1989 ～ 1994 年，我国林业保险总保费收入 1.186 亿元，总赔款支出 0.834 亿元，总赔付率为 70.3%，远高于一般的商业保险，而且保险费开支也比一般商业保险要高得多；五是其有明显的社会效益。林业既是国土保安的基础设施，又是国民经济支柱产业，长期以来不仅为国家积累了大量资金，同时也为农业、水利、水电等部门提供生态效益。

林业保险具有危险难以预测，损失难于评估，赔偿处理麻烦，赔付率高，盈利性差的特点，所以一般商业保险企业不愿经营。又由于林业保险对于分散风险，促进资金合理利用，防止和减少森林灾害发生，保障林业再生产具有重大意义，所以，世界上大多数国家将林业保险与商业保险区别开来，给予经济上、法律上、行政上的支持。

5. 森林保险有哪些保险责任？

我国森林在生长期遇到的主要灾害有以下 5 种：

1）火灾。森林火灾是世界性的最大森林灾害。森林火灾按起火原因可以分为两类：一是人为火，二是自然火（雷击）。大多数森林火灾都是人为原因引起的。

2）病虫害。森林病虫害的种类繁多，据有关部门资料统计约有数千种，近年来松毛虫是林业中的第一大害虫。病虫害对林木及其果叶产品所造成的损失很难估算，因此对病虫害目前暂不承保。

3）风灾。对中成林和各种果树林危害较大，往往形成大面积的折枝拔根等而造成巨大灾害。

4）雪灾。冬季山区连降大雪，在树枝上挂满了长长的冰凌，从而使树茎负重过大，造成树顶或主枝折断，影响树木正常生长。雪灾主要危害杉林和竹林。

5）洪水。由于山洪或河道缺口，造成树木的倒伏或埋没。

森林保险责任为人力无法抗拒的自然灾害，包括火灾、暴雨、暴风、洪水、泥石流、冰雹、霜冻、台风、暴雪、雨淞、虫灾等，造成林木流失、掩埋、主干折断、倒伏或者死亡。

6.2 森林保险类别

1.森林保险的标的有哪些分类？

森林保险标的按林木生成可分为：人工林保险和原始林保险；按使用性质可分为：用材林保险、公益林保险和经济林保险；目前有用材林保险、防护林保险、人工松木林保险、混合林保险等具体险种。

2.森林保险有哪几种形式？

1）中国人民保险公司主办，有关部门配合；

2）林业部门与中国人民保险公司共保；

3）林业部门自保；

4）农村林木保险合作组织。

3.什么是森林火灾险？

森林火灾险是为提高林业抵御风险的能力，建立森林保险服务体系而设立的政策性保险险种。

4.什么是森林保险再保险？

再保险是指保险人将其承担的部分或全部保险责任分散和转嫁给其他保险人的一种风险分散机制。建立森林保险的再保险制度对森林保险业的发展非常必要。由于森林保险的风险大，波及范围宽，灾损强度高，局域范围内具有传播性，一旦发生灾害事故可能会在短时间内给承保区域范围内的所有对象同时造成巨大损失。如森林病虫害的传播。这使得传统的保险风险分散法则对森林保险不适用。保险公司承保的森林范围越宽，风险就越集中，必须要在更大的范围内寻求空间上、地域上的风险分散。森林保险的理论和实践表明，再保险是分散森林保险经营风险的有效手段之一，森林保险的发展对再保险具有很强的依赖性。

5.什么是商业保险？

商业保险是指通过订立保险合同运营，以营利为目的的保险形式，由专门的保险企业经营。商业保险关系是由当事人自愿缔结的合同关系，投保人根据合同约定，向保险公司支付保险费，保险公司根据合同约定的可能发生的事故因其发生所造成的财产损失承担赔偿保险金责任，或者当被保险人死亡、伤残、疾病或达到约定的年龄、期限时承担给付保险金责任。

所谓社会保险，是指收取保险费，形成社会保险基金，用来对其中因年老、疾病、生育、伤残、死亡和失业而导致丧失劳动能力或失去工作机会的成员提供基本生活保障的一种社会保障制度。

6.什么是政策性森林保险？

政策性森林保险是指由政府对林业生产者提供保费补贴，保险公司根据保险合同，对被保险人在林业生产过程中因合同约定的原因造成的损失，承担赔偿保险金责任的保险活动。

从国际经验看，包括森林保险在内的农业保险往往都以保本经营为目标，建立发展森林保险市场，必须发挥政府的引导和扶持作用。同时，林业的特性也决定了森林保险政策的设定需要坚持政策性定位。

商业性森林保险存在"市场失灵"，需要政策扶持。与其他资产相比，森林资源是一个与自然和社会紧密结合的生产过程，面临火灾、虫灾、冰冻雪灾、盗伐等自然或人为灾害风险，需要森林保险介入。但目前林农、保险公司等森林保险供需两方的制约因素难以支撑商业性森林保险可持续发展。林农方面，由于收入来源结构多元化，加上当前林业总体仍以分散经营为主，营林收入对林农经济收入不具有系统性影响，同时目前林农的金融保险意识普遍不高，甚至对险情不以为然，所以林农保费支出意愿不强，森林保险投保面难以满足商业性保险经营的"大数定律"要求；保险公司方面，由于目前大部分林业种植者生产规模小，保险标的分散，森林保险的承保、查勘定损、理赔、风险控制难度大，森林保险供给需要较高的保险费率。供需两方面的因素容易导致森林保险陷入"高风险、高费率、低覆盖"的恶性循环，而破解目前商业性森林保险的发展困境，需要政府在保费补贴、保险风险分担等方面予以支持。

森林保险具有准公共产品性质，需要政府介入。森林是陆地生态系统的主体，是人类赖以生存的必要条件。森林具有的一系列独特的生态功能和社会功能，是其他任何行业、任何产业所不可替代的。从这个意义上讲，林业产业具有很强的正外部性，决定了森林保险具有准公共产品性质，需要政府介入。大力发展政策性森林保险，其意义不仅在于补贴了林农，实现了对林农的支持和保障，更在于补贴了环境和生态，对实现人与自然的和谐发展有重要意义。

6.3 森林保险实务

1.森林保险期限如何规定？

除另有约定外，保险期限为1年，以保险合同载明的起止时间为准。

2. 什么是保险费和保险费率?

保险费率指保险人按保险金额收取的保险费的比例。它包括纯费率、附加费和危险系数三项。保险费是根据保额和费率计算的保险人给予投保人的金额。

3. 森林保险金额确定的方法有哪些?

目前确定保额的方法有:①按蓄积量确定保险金额;②按成本确定保险金额;③按林木再植的成本价确定保险金额。目前对于原始森林的保险金额如何确定,仍在探讨中。

4. 保险金额如何确定?

遵循"保成本、广覆盖"原则,按照林木损失后的再植成本(包括郁闭前的整地、苗木、栽植、施肥、管护费、抚育费)确定。试点期间,暂定公益林 450 元 / 亩、商品林 550 元 / 亩。

5. 森林保险费率如何计算?

综合保险责任、林木多年平均损失情况、地区风险水平等因素,并参照其他试点省份的费率水平,暂定试点期间公益林 3.5‰、商品林 4‰,公益林保费 1.575 元 / 亩、商品林保费 2.2 元 / 亩。

6. 森林火灾险的费率如何计算?

森林火灾险的承包范围是正常生长和管理正常的公益林,投保人投保时应将其自有或管理的、符合上述条件的林木全部投保,不能选择性投保。保险金额 500 元 / 亩,保险费率 4‰,保险费 2 元 / 亩。保险期间为一年。在保险期间内,由于火灾造成保险林木死亡,保险公司按照保险合同的约定负责赔偿。每次事故免赔率为损失面积的 10%,最高不超过 15 亩。保险林木发生保险责任范围内的损失,保险人按以下方式计算赔偿:

赔偿金额 = 每亩保险金额 × 损失程度 × 受损面积 ×(1- 免赔率)

7. 森林保险补贴比例是多少?

公益林保险保费,中央补贴 50%、省补贴 40%、市县补贴 10%;商品林保险保费,中央补贴 30%、省补贴 25%、市县补贴 25%。即公益林保费由各级财政全额补贴;商品林保费各级财政补贴 80%(1.76 元 / 亩),参保林农自付 20%(0.44 元 / 亩)。

8. 森林保险如何投保?

省级以上公益林,由县(区)级林业部门统一投保;商品林采取直接投保和集中投保相结合。对商品林面积在 500 亩以上的林业企业、林业专业合作组织和林业经营大户,可以实行直接投保;对一般林农以行政村为单位集中投保。

9. 保费如何缴纳？

林农自交保费一般由各级农险协保员上门收取，林农也可到当地指定地点直接登记交纳，因保费收取需耗费一定时间，故可在交费时提前约定具体保险生效时间。保险公司生成保险单后打印林农收费凭证，凭证通过村委会及协保员发放到户。

10. 保险理赔有哪些规定？

实行比例赔付，以投保林木损失比例作为成本损失比例计算赔偿金额。参保森林发生保险灾害后，林农可直接向国元保险公司报案，也可到当地村委会进行报案，由村委会汇总出险信息后再向保险公司备案，保险公司根据报灾情况及时会同林业专家及相关人员展开查勘定损工作。

设置起赔点和绝对免赔率，受损面积的损失程度在10%以下时，不予赔付；受损面积的损失程度在10%（含10%）至90%时，按保险金额、受损面积和损失程度计算赔款，并对受损面积的10%（但最高不超过10亩）实行绝对免赔，理赔计算公式为：

$$赔偿金额 = 每亩保险金额 \times 损失程度 \times 受损面积 \times （1-绝对免赔率）$$

受损面积的损失程度在90%（含90%）以上的，按保险金额全额赔付。投保林木如遇多次灾害，单一保单年度内每亩赔款累计不超过保险金额上限标准。

11. 森林保险理赔操作规程是什么？

以福建省为例来说明。

森林保险理赔操作规程（试行）

第一条　为规范森林保险查勘定损和赔付工作，根据《福建省林业厅 福建省财政厅 中国人民财产保险股份有限公司福建省分公司关于做好森林综合保险工作的通知》（闽林综[2010]13号）有关精神，特制定《森林保险理赔操作规程（试行）》（以下简称《规程》）。

第二条　本《规程》适用于全省境内参加森林保险的林木在保险责任范围内发生的损失而进行的理赔工作。

第三条　本《规程》所指保险责任包括：森林火灾、林业有害生物（包括松材线虫病）。以及暴雨、暴风、洪水、滑坡、泥石流、冰雹、霜冻、台风、暴雪、雨凇、干旱等人力无法抗拒的自然灾害。

第四条　森林综合保险理赔工作基本原则为：

（一）客观、公正、科学的原则；

（二）维护保险合同约定双方合法权益的原则；

（三）实事求是、便于操作、及时主动的原则。

第五条　人保财险公司在接到出险报案后，应及时组织开展查勘定损工作，做好调查询问和笔录，确定被保险人、保险标的、受灾情况等。对于林木损失确定清晰的，人保财险公司应在接到报案后15日内（桉树5日内）完成查勘定损工作。对于林木损失一时难以确定的，可设定15天观察期。观察期后7日内完成查勘定损工作。

第六条　人保财险公司可根据工作需要向林业部门申请派出现场勘验技术人员或聘请有资质的林业中介机构进行现场勘验。对林业部门派出的现场勘验技术人员，人保财险公司应承担差旅费、外业补贴等相关费用。

第七条　森林保险灾害查勘定损的依据是《森林保险灾害损失认定标准》。

第八条　森林火灾查勘定损应采用地形图勾绘或者实测方法来确定受害面积。

对受害面积在15亩以下（含15亩）的森林火灾，县人保财险支公司可委托县级林业部门进行受害面积的认定，并直接采用林业部门认定的数据进行理赔；受害面积在15亩以上的森林火灾，由县人保财险支公司牵头进行现场勘验，确定受害面积；森林火灾查勘定损期间，县级以上森林公安机关已侦破该起火灾案件拟追究刑事责任的，可直接采用森林公安机关认定的受害面积进行理赔。

第九条　森林火灾以外的其他林木灾害现场查勘方法分为区域查勘和地块小班查勘两种。区域查勘适应于受损程度相对一致地块的现场查勘，地块小班查勘适应于受损程度不一致地块的现场查勘。具体方法是：

（一）确定保险森林灾害发生的区域范围，包括受灾对象、受灾地块小班、受灾面积。

（二）在确定的受灾区域或地块小班内，由林业专业技术人员根据不同林分、树龄以及专业要求，抽取有代表性的地段，采用标准地、样园或样带等调查方法，推算损失程度。

（三）根据灾害损失程度对应赔付比例，确定损失率，计算灾害损失赔付额。

第十条　现场勘验后，人保财险公司应组织被保险人或其委托代理人、现场勘验技术人员对查勘定损最终结果进行三方确认。如有争议，由人保财险公司组织具有林业专业技术职称资格证书和相关专业技术法定资格的3位以上（单数）人员进行评估和鉴定。如仍有争议，保险人与被保险人均可依法申请仲裁或向当地人民法院起诉。

第十一条　现场查勘无效的，人保财险公司应当重新组织查勘。有下列情形之一的，现场查勘结论无效：

（一）现场查勘人员是被保险人近亲属，或和被保险人有其他关系可能影响公正查勘，按规定应当回避而未回避的；

（二）被保险人或其委托代理人未到达现场的；

（三）现场查勘人员收受当事人财物（含其他利益）和弄虚作假的；

（四）其他违反查勘有关规定，可能影响现场查勘客观、公正的。

第十二条　依照本《规程》核定的森林保险灾害损失结果，作为森林保险灾害损失理赔的依据。

第十三条 受害森林面积确认后，当损失率未达到 100% 时，赔款＝每亩保险金额×损失率×受害面积。

当灾害损失率达到 100% 时，人保财险公司按照下列标准给予赔偿处理。

（一）受害面积≤ 100 亩，免赔 10%。

赔款＝每亩保险金额×受害面积×90%

（二）受害面积＞ 100 亩，免赔 10 亩。

赔款＝每亩保险金额×（受害面积−10 亩）

（三）受灾户超过一户的，各户赔款按各户受害面积占总受害面积的比例计算。

第十四条 被保险人索赔时，需要提交如下索赔资料：被保险人索赔申请、身份证明（个人应提供身份证原件及复印件）、林木权属证明、银行账户。

对于被保险人无法前往申请理赔的，可以书面形式委托他人进行理赔服务，委托代理人应当提交授权委托书和身份证明，但赔偿协议书必须由被保险人本人签署。

第十五条 森林保险实行限时赔付制度。各地人保财险县级分支机构在完成查勘定损，并在与被保险人达成协议后公示 7 日，公示后无疑义的，保险人在 10 日内将赔偿金支付给被保险人。如未能在灾害发生后 60 日内达成赔偿协议的，按双方可确定的面积先行赔付。如发现被保险人骗赔行为，保险公司应及时报请公安机关予以查处。

第十六条 本《规程》由福建省林业厅、中国人民财产保险股份有限公司福建省分公司负责解释。

第十七条 本《规程》自颁布起试行。《福建省林业厅 中国人民财产保险股份有限公司福建省分公司关于印发 2009 年福建省政策性森林火灾保险实施方案(试行) 的通知》(闽林综 [2009]59 号) 和《福建省林业厅 中国人民财产保险股份有限公司福建省分公司关于做好森林火灾保险工作的补充意见》(闽林综 [2009]141 号) 有关理赔工作的规定同时废止。

12. 森林保险森林保险灾害损失认定标准是什么？

以福建省为例，森林保险灾害损失认定标准如表6.1所示。

表 6.1　森林保险灾害损失认定标准

灾害原因	损失标准(或损失状态)	理赔计算公式	备　注
森林火灾	因森林火灾或扑救森林火灾造成保险林木受害，其损失率按100%计算		森林火灾保险赔偿计算面积按受害面积计算
林业有害生物	①林业有害生物导致保险林木灾害，林分受灾达到中度、重度（含重度）以上，其损失率分别按5%、10%计算，林木受害后必须清理的，其损失率按100%计算；②发生如松材线虫、松褐天牛等检疫性灾害，必须全林清理的，其损失率按100%计算	每亩赔偿金额=每亩保险金额×损失率	若灾害程度逐步加重，人保财险公司按最终损失程度高者赔偿，每亩赔偿金额以500元为限；在损失率未达到100%时，不扣除免赔面积
暴雨、暴风、洪水、滑坡、泥石流、冰雹、台风	①幼龄林和中龄林树干主梢折断，近成过熟林主干从地面至2/3高处劈裂或折断；②树木被淹死、流失、掩埋；③树木翻兜倒伏或倾斜30度以上无法正常生长		龄组按一般用材林（中径材）划分，其中桉树按短轮伐期用材林划分龄级龄组。损失率=每亩实际受损株数/国家或行业标准规程规定的相应株数×100%，或者损失率=每亩受损蓄积/每亩蓄积×100%（适用于近成过熟林）。在损失率未达到100%时，不扣除免赔面积
霜冻、暴雪、雨凇	①幼龄林和中龄林树干主梢被冻死或受冻影响生长发育；②幼龄林和中龄林主干主梢折断，近成过熟林主干从地面至2/3高处劈裂折断；③树木翻兜倒伏或倾斜30度以上无法正常生长		
干旱	树梢干枯、不能萌发致使受害林木干旱死亡		

查勘标准依据：《造林技术规程》（GB/T 15776—2006）、《森林抚育规程》（GB/T 15781—2009）、《生态公益林建设技术规程》（GB/T 18337.3—2001）、《国家林业局关于印发〈雨雪冰冻灾害受害林木清理指南〉的通知》林资发[2008]37号）、《松材线虫病防治技术方案》（林造发[2000]497号）、《福建省森林资源规划设计调查和森林经营方案编制技术规定》。

13. 全球范围内有哪些保险模式？

(1) 美国、加拿大模式——政府主导参与型

该模式以国家专业保险机构为主导，对政策性农业保险进行宏观管理和直接或间接经营。

实行这种模式的国家以美国和加拿大为代表。这种模式以不断完善的农作物保险法律法规为依托，建立农作物保险公司，提供农作物直接保险和由中央政府统一组建的全国农业保险公司进行农业再保险。

(2) 日本模式——政府支持下的社会互助

实行这种模式的国家主要代表是日本。其特点是：政策性非常强，国家对主要农作物，如水稻、小麦等和饲养动物实行强制保险，其他实行自愿保险。直接经营农业保险的机构是不以赢利为目的的民间保险合作社，政府对其进行监督和指导，提供再保险、保费补贴和管理费补贴。

(3) 西欧模式——政府资助的商业保险

实施这种模式的主要是一些西欧发达国家如德国、法国、西班牙等。该模式的主要特点是：全国没有统一的农业保险制度，政府一般不经营农业保险。农业保险主要由私营保险公司、保险合作社经营，农民自愿投保。为了减轻参加农业保险的农民的负担，政府给予一定保费补贴。

(4) 发展中国家模式—政府重点选择性扶植

该模式主要以一些发展中国家为代表。其特点如下：一是农业保险主要由政府专门农业保险机构或国家保险公司提供；二是保险险种少、保障程度低、保障范围小，主要承保农作物，而很少承保畜禽等饲养动物；三是参加农业保险都是强制性的，且这种强制一般与农业生产贷款相联系。

14. 森林保险相关参考书籍有哪些？

1)《中国政策性森林保险发展研究》（王华丽、陈建成、徐时红著，电子科技大学出版社 2011 年出版）；

2)《林农对政策性森林保险的支付意愿研究——基于湖南省安化县的实证分析》（李彩鸽撰写，中国人民大学 2011 年学位论文）。

第 7 章 法律咨询服务

第7章 法律咨询服务

7.1 法律咨询基础知识

1. 什么是法律咨询?

广义法律咨询主要指整个律师行业。法律咨询不仅限制于律师对于法律求助者的法律知识的解答,而是涉及更广泛的法务工作者做法的释疑。

狭义法律咨询(律师传统业务中的咨询业务),指签订委托合同之外的咨询业务,即律师就有关法律事务问题作出解释、说明,提出建议和解决方案的活动。

咨询还可分为现场口头咨询、当事人提供案件材料后律师提供咨询意见;正式的收费咨询、非正式的不收费仅供参考的咨询等。

法律咨询是指提供法律知识问题的解答。由于法律的复杂性,非专业人士在遇到法律问题时,往往需要求助于律师一类的法律专业人士。法律咨询分免费的、收费的,通常网络上的法律咨询以免费为主,网上还有专门提供免费咨询的大型专业性网站。在现实的法律咨询中,律师通常会根据问题的难易程度及回答问题所耗费的时间收取一定的费用。

2. 什么是法律援助?

法律援助是指由政府设立的法律援助机构,组织法律援助的律师为经济困难或特殊案件的人给予无偿提供法律服务的一项法律保障制度。 特殊案件是指依照《中华人民共和国刑事诉讼法》第三十四条的规定,刑事案件的被告人是盲、聋、哑或者未成年人没有委托辩护人的,或者被告人可能被判处死刑而没有委托辩护人的,应当获得法律援助。

3. 有哪些主要的林业法律机构?

(1) 林业行政管理机构

林业行政主管部门具体是指国家林业局、省林业厅、市县区林业局和乡镇林业工作站。林业主管部门是指对全国林业生产和建设负有行政管理和指导义务与责任的行政事业单位。其具体构成是由国务院领导下的国家林业局,各省、自治区设立的林业厅(局)及县、市级林业局和乡镇林业工作站。其主要的职责是研究拟定森林生态环境建设、森林资源保护和国土绿化的方针、政策,组织起草有关的法律法规并监督实施;监督全国林业资金的管理和使用；组织开展植树造林和封山育林工作；组织、指导以植树种草等生物措施防治水土流失和防沙、治沙工作；组织、协调防治荒漠化方面的国际公约的履约工作等。

(2)森林公安机关

森林公安局（森林防火办公室）既是国家林业局的职能机构也是公安部的业务部门（公安部十六局），始建于1948年，最早在东北。到2005年年底，全国共建有森林公安机构6700多个，拥有近6万名警力。森林公安已经成为一支遍布全国林区、山区及林业、生态建设与保护紧密相连的专业执法队伍。

(3)林业人民检察院、法院

林区人民检察院在林区的地位是至关重要的。林区人民检察院是国家设在林区的法律监督机关，肩负着保护森林资源，打击毁林犯罪和各类刑事犯罪，维护林区稳定的重要职责。应当说，林区人民检察院与林区公安、林区人民法院一样，都严格履行各自的责任，为林区社会的和谐稳定和社会进步起到了积极的推动作用。

(4) 林政管理机构

林政管理是针对林业经营过程中所涉及的管理问题，依照林业相关政策法规对林业相关产业实施的业务管理。其核心内容包括"六管理一执法"，即林业经营管理、林权管理、森林资源管理、野生动植物保护和自然保护区管理、林木采伐管理、木材流通管理和林业行政执法。

我国一些地方林业部门设有林政管理稽查队属于林政管理机构，其主要职责有：

1) 贯彻执行有关森林资源保护的方针、政策和法律法规；监督、指导并组织实施林业综合行政执法工作。

2) 实施对林政资源保护管理工作的监督；开展对从事森林资源利用的各种活动进行检查与监督。

3) 负责基层木材检查站建设的指导及木材运输的监督管理。

4) 承办各种林业行政案件的受理与查处。

(5) 野生动植物行政管理机构

国务院林业、渔业行政主管部门分别主管全国陆生、水生野生动物管理工作。省、自治区、直辖市政府林业行政主管部门主管本行政区域内陆生野生动物管理工作。自治州、县和市政府陆生野生动物管理工作的行政主管部门，由省、自治区、直辖市政府确定。县级以上地方政府渔业行政主管部门主管本行政区域内水生野生动物管理工作。

(6)政策法规工作机构

这个机构主要在国家一级为国家林业局政策法规司，主要职能是提出林业及其生态建设的综合性方针、政策建议；拟订林业法制建设规划和年度工作计划；组织起草有关法律法规。拟订部门规章;负责林业行政执法监督。协调行政执法中的重大问题;承担林业行政应诉、行政复议和听证相关工作;承办林业行政许可相关工作。

（7）林业工作站

林业工作站的职能是:

1）宣传与贯彻执行森林和野生动植物资源保护等法律、法规和各项林业方针、政策;

2）协助乡镇人民政府制定林业发展规划和年度计划、组织和指导农村集体、个人开展林业生产经营活动;

3）配合林业行政主管部门开展资源调查、造林检查验收、林业统计和森林资源档案管理工作。掌握辖区内森林资源消长和野生动植物物种变化情况;

4）协助林业行政主管部门管理林木采伐工作，配合做好林木采伐的伐区调查设计，并参与监督伐区作业和伐区验收工作;

5）配合林业行政主管部门和乡镇人民政府做好森林防火、森林病虫害防治工作;

6）依法保护、管理森林和野生动植物资源;依法保护湿地资源;

7）协助有关部门处理森林、林木和林地所有权或者使用权争议、查处破坏森林和野生动植物资源案件;

8）协助林业行政主管部门管理辖区内的乡村林场、个体林场;

9）配合乡镇人民政府建立健全乡村护林网络，负责乡村护林队伍的管理;

10）推广林业科学技术，开展林业技术培训、技术咨询和技术服务等林业社会化服务，为林农提供产前、产中、产后服务;

11）根据国家有关规定代收和协助管理各项林业行政事业性收费等;

12）承担县级林业行政主管部门委托的其他事项。

4.有哪些常见的维权机构?

现在主要的农民维权机构有:政府机构和非政府机构。政府机构主要为司法部门和社会劳动监察部门，消费者权益保护组织在消费维权中发挥的作用已经较为强大，一些NGO也为农民朋友维权而服务，但是普及面还是较窄。另外一些维权电话热线、律师事务所、法律服务机构以及网站也是寻求维权服务的较好去处。具体机构在各个地方不同，农民朋友应结合自己所处地区和面临的维权具体事务特点去寻找对应的维权机构和途径。

5.林业政策法规处有哪些职能?

提出林业及其生态建设的综合性政策建议;起草有关地方性法规、规章草案;负责林业行政执法监督、规范性文件审核;承担林业有关行政复议、行政应诉、听证及法律咨询工作;监督林业行政许可工作;组织开展林业普法教育。

7.2 林权争议

1.林权争议有哪些种类？

1) 按林权争议对象划分有：① 林木的所有权或者使用权的争议，这类争议属于林木的权属争议，而不包括林地的权属争议。也就是说。在这类争议中，林地的权属是清楚的，只有林木的权属不清楚。② 林地的所有权或者使用权的争议。这类争议属于林地的权属争议，而不涉及林木的权属问题。③ 林木、林地的所有权和使用权的争议。这类争议，既包括林木的权属争议，也涉及林地的权属争议。林地所有权的争议，只能发生在不同性质的单位之间或者不同的集体经济组织之间，如全民所有制单位与集体所有制单位之间，或者不同的集体所有制单位之间。在全民所有制单位之间、全民所有制或集体所有制单位与公民个人之间，以及公民个人相互之间，不会发生林地所有权争议。但是，在全民所有制单位之间、全民所有制与集体所有制单位之间、集体所有制单位之间，全民所有制或者集体所有制单位与公民个人之间，以及公民个人相互之间，可以产生林地使用权争议。

2) 按经济性质划分（这是确定由哪一级调处的依据）有：① 全民单位之间的争议；② 全民单位与集体单位的争议；③ 集体单位之间的争议；④ 个人与全民单位的争议；⑤ 个人与集体单位的争议；⑥ 个人与个人之间的争议。

3) 按行政区域划分（便于分级落实解决争议）有：① 同一乡（镇）内个人之间、个人与其他经济组织之间的争议；② 同一县范围内、乡镇与乡镇的争议；③ 同一地区（市州）范围内，县与县之间的争议；④ 同一省、自治区、直辖市范围内、地（洲、市）之间的争议；⑤ 省际的争议。

2.为什么会出现林权争议？

产生林权争议的原因很多。在解决纠纷中，应当弄清纠纷产生的原因，根据有关法律法规的规定和具体情况，顺利解决林权争议。

(1) 历史遗留原因。

林地的买卖、交换、折抵、迁徙、嫁娶、赠送、分家等，使山林权属不断变迁转移，造成复杂的山林分布和权属关系。

(2) 人为原因。

1) 定权发证工作粗糙，技术措施落后，造成纠纷。有的在家中分山划界，或远距离指山为界；有的是参照物记录不清，面积不准四至不闭合等。

2) 林权证核发工作不规范。例如，新中国成立后各个历史时期因定权发证工作不细致或者认定权属的技术措施落后，对有关参照物记录不清、面积不确定，导致地点不明、四至范围不清、面积不符，出现一山多证，一证多山的现象，从而产生纠纷。

3）承包合同不规范。例如，合同签订时未经法定程序，村、组干部个人说了算。还有一些是口头合同，无据可查。这些都是容易导致纠纷的发生。

4）林权流转未及时变更登记。例如，林业"三定"后，一些地方林地林木发生了流转，而未及时进行变更登记或者注销登记，致使权利人的合法权益得不到保障，出现了有地无证、有证无地等情况。

5）林业生产经营活动无记录。例如，各个历史时期的谁造谁有、集体统一消灭荒山等鼓励植树造林政策，多方在不同时期对同一宗林地进行造林，因无详细记载而产生纠纷。

(3) 政策多变，权属不稳

森林所与乡、镇；村与社；社与村民之间问题最多。

(4) 经营管理中出现的问题

如界标损毁、过失越界经营；合作造林时林权规定不清楚；承包造林分成比例规定不明确等。

3.什么是林权纠纷？

从理论上来说，林权纠纷是指有关森林资源权属的纠纷，包括森林、林地、林木以及依托林地生存的动物和微生物等的权属的纠纷。但实践中，林权纠纷大多是林地、林木权属纠纷。在正式的法律文件中，对林权纠纷有两种提法，即《森林法》第 17 条所称"林木、林地所有权和使用权争议"和"林木、林地权属争议"。至于林权纠纷的概念，现行法律法规未给予明确界定，只有 1996 年林业部发布的《林木林地权属争议处理办法》第 2 条有所提及，即"因森林、林木、林地所有权或者使用权的归属而产生的争议"。也有学者从林业法学的角度提出了林权纠纷的学理定义：林权纠纷是指双方或多方当事人围绕林地及林地上的森林、林木的所有权和使用权的归属问题发生的争议。

明确林权纠纷的性质，是正确理解其概念的前提。我们认为，林权纠纷不是单纯的民事纠纷或者行政纠纷，它在不同的阶段呈现出不同的特性，兼具行政和民事纠纷性质。按纠纷发生的阶段来看，应当首先从行政纠纷的角度来分析林权纠纷的概念。具有行政纠纷特性的林权纠纷，包括两次行政确认纠纷：第一次行政确认纠纷是行政机关对林木、林地的权属进行首次行政确认而与所有权人或者使用权人产生的行政纠纷；第二次行政确认纠纷是行政机关收回或者变更林木、林地的权属而与原所有权人或使用权人产生的行政纠纷。其次，还应当从民事纠纷的角度来分析林权纠纷的概念。具有民事纠纷特性的林权纠纷是指具有平等民事主体地位的双方或者多方当事人之间关于林木、林地的所有权或者使用权如何占有、使用、收益、处分而引发的民事纠纷。

4.林权争议有哪些解决方式?

林权争议解决的方式依次有当事人协商、人民政府调处、行政复议和司法审判 4 种方式 :① 双方当事人应首先主动协商, 协商不成的可申请林权纠纷处理机构处理 ;② 林权纠纷处理机构受理后先进行调解, 调解不成的提出处理意见报人民政府作出决定 ;③ 当事人对处理决定不服的可申请行政复议, 对行政复议不服的可向人民法院提起诉讼 ;④ 县级以上人民政府对已生效的林权纠纷协议、调解书、处理决定或复议决定、人民法院判决, 及时组织勘定林业权属界限, 依法登记、发证。

(1) 当事人协商解决

当事人协商解决林权争议, 可以分为以下几个步骤。

1) 当事人一方向对方提出解决争议的建议。

2) 当事人之间协商和实施调查。当事人一方提出的建议被对方接受后, 当事人之间可以进行接触, 就争议问题进行具体协商, 还可以进行实地勘察或调查 ;

3) 争议的实质内容在协商中已取得一致解决意见, 则签订解决争议的协议 ;

4) 当事人将解决林权争议所签订的协议上报有关人民政府。对于不合法的协议, 人民政府可以令其修改或者确认协议无效 ;对于符合法律规定的协议, 应予以核准, 按照法律规定和协议的内容登记造册, 核发证书, 确认权属。

(2) 行政调处

行政调处是由人民政府对林权争议进行调节和裁决。由当事人的一方向人民政府或者其林权争议处理机构申请处理。在人民政府或者其林权争议处理机构的主持下, 当事人之间进行协商解决。经人民政府或者其林权争议处理机构协调达成协议的, 当事人应当在协议书上签字或者盖章, 并由调解人员署名, 加盖调处机构印章。当事人不愿协商、调解或协商、调解不成的, 由人民政府作出处理决定。

从法律性质上来说, 人民政府处理林权争议作出的处理决定, 属于具体行政行为。争议的一方当事人不服处理决定的, 不能以另一方当事人为被告提起民事诉讼, 而只能提起行政复议或者行政诉讼。

(3) 民事诉讼

民事诉讼是林权争议的司法解决方式, 由当事人向人民法院提起民事诉讼, 经人民法院依法审理后作出判断或裁定。《农村土地承包法》第五十一条规定, 因土地承包经营发生纠纷的, 也可以直接向人民法院起诉。《最高人民法院关于审理涉及农村土地承包纠纷案件适用法律问题的解释》第一条第一款规定 :"下列涉及农村土地承包民事纠纷, 人民法院应当依法受理 :(一) 承包合同纠纷 ;(二) 承包经营权侵权纠纷 ;(三) 承包经营权流转纠纷 ;(四) 承包地征收补偿费分配纠纷 ;(五) 承包经营权继承纠纷。"林地属于农村土地范畴, 涉及林地承包经营纠纷案件可以通过民事诉讼解决。除以上列举之处的林权争议案件，仍然依照《森林法》第十七规定，向人民政府林权争议处理机构申请处理。

5.调处林权争议有哪些奖励和惩罚？

在《林木林地权属争议处理办法》中规定的奖励和惩罚是：

第二十三条　在林权争议处理工作中做出突出贡献的单位和个人，由县级以上人民政府林业行政主管部门给予奖励。

第二十四条　伪造、变造、涂改本办法规定的林木、林地权属凭证的，由林权争议处理机构收缴其伪造、变造、涂改的林木、林地权属凭证，并可视情节轻重处以 1000 元以下罚款。

第二十五条　违反本办法规定，在林权争议解决以前，擅自采伐有争议的林木或者有争议的林地上从事基本建设及其他生产活动的，由县级以上人民政府林业行政主管部门依照《森林法》等法律法规给予行政处罚。

第二十六条　在处理林权争议过程中，林权争议处理机构工作人员玩忽职守，徇私舞弊的，由其所在单位或者有关机关依法给予行政处分。

7.3 林权争议调处

1.林权争议调处处有哪些职能？

拟订林地、林木权属争议调处办法并组织实施；指导、监督、检查林权争议调处工作；负责跨省、跨市以及重大林权争议案件调查调解并提出处理意见。

2.具体林权争议的调处方式是什么？

1）林业"三定"（稳定山林权，划定自留山、确定林业生产责任制）核发的林权证所确认的林木林地权属应予维护，不得擅自变更。确有错误且权属仍有争议的，由原发证的人民政府负责处理。

2）从"四固定"（劳力、土地、耕畜、农具）起一直由全民制单位经营管理的林木、林地、其林地的所有权归国家、林地的使用权和林木的所有权归该全民所有制单位。

3）集体与集体、集体与个人以及个人与个人之间的林木、林地权属争议，以"四固定"时确认的权属为依据，"四固定"时未确定权属的，参照合作化时期确认的权属处理；若以上两个时期都未确认权属的参照土改时确认的权属处理；但依法和政策已将个人使用的林地划归集体使用的除外。（"四固定"是我国农村产权确定的一个十分重要的时期）

4）因兴修水利、兴建电站、修筑道路等基本建设发生的林木、林地权属变动以当时县级以上人民政府的有关文件为依据。

5）当事人达成处理协议或政府作出林权争议处理决定，凡涉及国有林业企业、事业单位经营范围变更的，应当事先征得原批准机关同意。

6）一方当事人对政府处理决定、复议决定不服，又不向法院起诉，且不执行处理决定，处理决定生效后，对方当事人应向行政机关提出申请，该行政机关依照《行政诉讼法》第六十六条的规定，可以申请法院强制执行。

3.林权争议调处如何进行？

林权争议发生后，当事人应当主动、互谅、互让地协商解决。经协商依法达成协议的，当事人应当在协议书及附图上签字或者盖章，并报所在地林权争议处理机构备案；经协商不能达成协议的，向林权争议处理机构申请处理。林权争议由当事人共同的林权争议处理机构负责办理具体处理的工作。林权争议调处主要有申请、受理、调解、裁决。对裁决不服的，可以依法提起行政复议或者行政诉讼。林权争议调处流程图如图 7.1 所示。

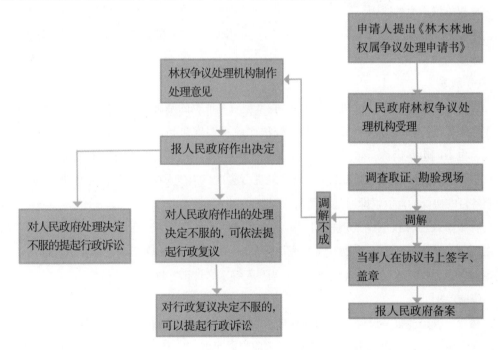

图 7.1　林权争议调处流程

（1）申请

申请处理林权争议的，申请人应当向林权争议处理机构提交"林木林地权属争议处理申请书"。林木林地权属争议处理申请书由省、自治区、直辖市人民政府林权争议处理机构统一印制。林木林地权属争议处理申请书应当包括以下内容。

1）当事人的姓名、地址及其法定代表人的姓名、职务。

2）争议的现状，包括争议面积、林木蓄积，争议地所在的行政区域位置、四至和附图。

3）争议的事由，包括发生争议的时间、原因。

4）当事人的协商意见。

（2）受理

林权争议处理机构在接到林木林地权属争议处理申请书后，应首先审查是否属于山林权争议和是否符合人民政府处理的条件，决定是否接受申请，并通知当事人。如果不属于林权争议或不符合人民政府处理条件的，则通知当事人按有关规定办理。如果属于林权争议且符合人民政府处理条件的，则由人民政府做出受理决定，即接受当事人请求，组织处理，并通知双方当事人负有举证责任，提出林权归属的有关证明材料等。

（3）调查、勘察和收集证据

人民政府作出受理决定以后，应及时组织人员到有争议的地方进行调查研究，勘查现场，了解林权争议产生的原因、经过、历史和现状等问题，收集有关证据材料。当事人也应对自己的主张提供证据。当事人不能出具证据的，不影响林权争议处理机构依据有关证据认定争议事实。

（4）调节

林权争议处理机构通过调查、研究，在掌握有关证据的基础上，应根据法律的有关规定，组织当事人进行调解。调解工作要严格按法律政策规定进行，贯彻自愿原则，不能压制当事人，也不能包办代替。要摆事实，讲道理，宣传党的林业政策和国家法律规定，促使当事人自愿和解，签订协议。调解工作可以反复进行多次，当事人在林权争议处理机构的调解下自愿签订的协议的，争议即通过调解解决。

林权争议经林权争议处理机构调解达成协议的，当事人应当在协议书上签字或者盖章，并由调解人员署名，加盖林权争议处理机构公章，报同级人民政府或者林业主管部门备案。当事人之间达成的林权争议处理协议，自当事人签字之日起生效。

（5）裁决

林权争议经林权争议处理机构调解未达成协议的，林权争议处理机构应当制作处理意见书，报同级人民政府作出决定。处理意见书应当写明下列内容：当事人姓名、地址及其法定代表人的姓名、职务；争议的事由，各方的主张及出具的证据；林权争议处理机构认定的事实、理由和适用法律、法规及政策规定以及处理意见。人民政府依据法律规定作出处理决定，制作决定书，分送有关的当事人。人民政府做出的林权争议处理决定，自送达之日起生效。

当事人之间达成的林权争议处理协议或者人民政府作出的林权争议处理决定，凡涉及国有林业企业、事业单位经营范围变更的，应当事先征得原批准机关同意。

(6) 行政复议

《行政复议法》第六条规定："公民、法人或者其他组织对行政机关做出的关于确认土地、矿藏、水流、森林、山岭、草原、荒地、滩涂、海域等自然资源的所有权或者使用权的决定不服的，可以依法申请行政复议。"2003 年 2 月 25 日。最高人民法院解释："公民、法人或者其他组织认为行政机关确认土地、矿藏、水流、森林、山岭、草原、荒地、滩涂、海域等自然资源的所有权或者使用权的具体行政行为，侵犯其已经依法取得的自然资源所有权或者使用权的，经行政复议后，才可以向人民法院提起行政诉讼，但法律另有规定的除外。"此后，当事人对人民政府关于山林纠纷处理决定不服的，应当先申请行政复议，也就是说"复议前置"。

根据《行政复议法》第二十三条的规定，行政复议机关负责法制工作的机构应当自行政复议申请受理之日起 7 日内，将行政复议申请书副本或者行政复议申请笔录复印件发送被申请人（即对林权争议作出处理的人民政府）。被申请人应当自收到申请书副本或者申请笔录印件之日起 10 日内，提出书面答复，并提交当初作出具体行政行为（即对林权争议作出处理决定的行为）的证据、依据和其他有关材料。对不符合规定的行政复议申请，决定不予以受理，并书面告知申请人。

根据《行政复议法》第十九条的规定，当事人不服人民政府对林地、森林的所有权或者使用权作出的处理决定，提起行政复议的，行政复议机关决定不予受理或者受理后超过行政复议期限不作答复的，当事人可以自收到不予受理决定书之日起或者行政复议期满之日 15 日内，依法向人民法院提起行政诉讼。

上级人民政府对当事人提出的行政复议申请，应当依法进行审查，原来的处理决定正确的。应当予以维持。原来的处理决定确有错误的，应依法予以重新处理。

根据《行政复议法》第三十三条的规定，行政复议的申请人在行政复议决定送达后，逾期不起诉又不履行行政复议决定的，或者不履行最终裁决的行政复议决定的，按照下列规定分别处理：① 行政复议决定维持人民政府对林权争议作出的处理决定的，由作出处理决定的行政机关依法强制执行，或者申请人民法院强制执行；② 行政复议决定变更人民政府对林权争议作出的处理决定的，由行政复议机关依法强制执行，或者申请人民法院强制执行。

(7) 行政诉讼

行政诉讼程序由林权争议当事人提起诉讼而启动。林权争议当事人提起行政诉讼的情形有以下两种。

1）当事人一方或者双方不服行政复议机关对林地、林木的所有权或者使用权作出的复议决定，向人民法院提起的行政诉讼。即当事人先申请行政复议后再提起行政诉讼。但是根据《行政复议法》第三十条第二款的规定，省级人民政府根据国务院或者省级人民政府对行政区划的勘定、调整或者征用土地的决定对森林、林地的所有权或者使用权所作出的行政复议决定，是终局决定，不能提起行政诉讼。

2）当事人一方或者双方不服人民政府对林地、林木所有权或者使用权的处理决定，直接就人民政府的处理决定而向人民法院提起的行政诉讼。这里需要说明，《行政复议法》第三十条第一款规定，人民政府对森林、林地的所有权或者使用权做出的处理决定，当事人不服的，应当先行申请行政复议，对行政复议决定不服的，可以依法向人民法院提起行政诉讼。《森林法》第十七条规定，单位之间发生的林木、林地所有权和使用权争议，由县级以上人民政府依法处理。个人之间、个人与单位之间发生的林木所有权和林地使用权争议，由当地县级或者乡级人民政府依法处理。当事人对人民政府的处理决定不服的，可以在接到通知之日起 1 个月内向人民法院起诉。对于以上两个法律的不同规定，最高人民法院作出了《关于使用〈行政复议法〉第三十条第一款有关问题的批复》（法释 [2003]5 号）："根据《行政复议法》第三十条第一款的规定，公民、法人或者其他组织认为行政机关确认土地、矿藏、水流、森林、山岭、草原、荒地、滩涂、海域等自然资源的所有权或者使用权的具体行政行为，侵犯其已经依法取得的自然资源的所有权或者使用权的，经行政复议后，才可以向人民法院提起行政诉讼，但法律另有规定的除外。"《农村土地承包法》第五十一条规定，因土地承包经营发生纠纷的，也可以直接向人民法院起诉，《最高人民法院关于审理涉及农村土地承包纠纷案件适用法律问题的解释》第一条第一款规定："下列涉及农村土地承包民事纠纷，人民法院应当依法受理：（一）承包合同纠纷；（二）承包经营权侵权纠纷；（三）承包经营权流转纠纷；（四）承包地征收补偿费分配纠纷；（五）承包经营权继承纠纷。"林地属于农村土地范畴，涉及林地承包经营纠纷案件可以通过民事诉讼解决。除以上列举之处的林权争议案件，仍然依照《森林法》第十七规定，向人民政府林权争议处理机构申请处理。

从上述规定来看，应当理解为：当事人不服人民政府对林地、林木所有权或使用权的处理决定，既可以依法向上级行政机关申请行政复议，也可以直接向人民法院提起行政诉讼。

当事人在规定时间内提起行政诉讼的，人民法院对这类案件的受理和审理，应当适用《行政诉讼法》的规定。

（8）结案归档

对无论调解还是裁决等方式解决的林权争议，人民政府林权争议处理机构都应当将有关资料立卷归档存查，并按照《森林法》的规定，由人民政府登记造册，核发林权证书确认归属。

4.如何进行仲裁和调解？

根据《仲裁法》第五十一条第一款规定：仲裁庭在作出裁决前，可以先行调解。当事人自愿调解的，仲裁庭应当调解。调解不成的，应当及时作出裁决。经仲裁庭调解，双方当事人达成协议的，仲裁庭应当制作调解书。调解书要写明仲裁请求和当事人协议的结果，并由仲裁员签名，加盖仲裁委员会印章，仲裁调解书经双方当事人签收后即发生法律效力。调解书与裁决书具有同等的法律效力。

5.山林权属纠纷如何调处？

(1) 申请

乡镇范围内发生的个人之间、个人与单位之间的山林纠纷由乡镇人民政府调处，本镇内发生的单位之间的山林纠纷由镇人民政府立案并调查取证和调解，需要县政府作出行政处理决定的，由乡镇出具调查报告并提出行政处理意见送县林业局初审，初审后县调处办审查，后由县政府下文。人民政府林权争议调处机构应当自受理之日起 5 日内，将申请书的副本发送给被申请人。被申请人应当自收到申请书副本之日起 20 日内，向人民政府林权争议调处机构提交书面答复和有关材料。被申请人逾期未提交书面答复或者有关材料的，不影响人民政府林权争议调处机构根据有关材料认定争议事实。对当事人提供的材料，林权争议调处机构应当进行调查、核实。人民政府林权争议调处机构对争议的森林、林木和林地进行实地调查取证时，应当通知当事人及有关人员到场，被调查的单位或者个人应当如实提供有关证明材料。必要时，可邀请有关单位协助，林权争议调处机构，应当根据自愿和合法的原则，对林权争议进行调解。经调解达成协议的，林权争议调处机构应当制作林权争议调解书。调解书应当由调解人员署名，加盖林权争议调解机构印章，并报同级人民政府及林业行政主管部门备案。

林权争议发生后，由主张方提出申请，集体山林、责任山林由集体经济组织申请，自留山由个人申请，凭《林权争议调解处理申请书》到村民委员会调解处理。村民委员会调解处理不成的，提供材料到乡镇人民政府调解处理。当事人应主动、互谅、互让地协商解决。经协商依法达成协议的，当事人应当在协议书及附图上签字或者盖章；经协商不能达成协议的，按照有关规定向林权争议处理机构申请处理。

当事人应按下列规定申请调处：

1) 发生在本乡（镇）境内的，个人与个人之间的、个人与单位、单位与单位之间的纠纷，当事人可向所在乡（镇）人民政府调处申请；注意，这里的单位包括法人和非法人，即村、村民小组、机关单位、企事业单位。

2) 发生在本县辖区域内跨乡（镇）的，当事人可向所在地的县人民政府提出调处申请。

当事人申请调处林权争议，均应向林权争议调处机构书面递交《林权争议调解处理申请书》，并按照被申请人数提交副本。林权争议调处机构收到林权争议申请书后，应当在 7 日内进行审查，对不符合受理条件的，决定不予受理，并书面告知申请人。

山林纠纷调处申请应载明下列事项：

1）申请人与争议的土地有直接利害关系；

2）申请人的名称，法定代表人或委托代理人的姓名、职务；

3）有明确的请求处理对象、具体的处理请求和事实根据，并附地形示意图；

4）对方当事人的名称，法定代表人的姓名、职务；

5）证据的名称、来由、数量。证人的姓名、地址。

(2) 登记

林权争议处理机构收到争议调处申请后应及时登记。

(3) 受理

对符合受理条件的县（乡镇）人民政府林权争议调处机构应当自受理之日起 5 日内，将申请书的副本发送给被申请人。被申请人应当自收到申请书副本之日起 20 日内，向人民政府林权争议调处机构提交书面答复和有关材料。被申请人逾期未提交书面答复或者有关材料的，不影响人民政府林权争议调处机构根据有关材料认定争议事实。

(4) 调查

县级以上人民政府依法核发的林权证，是处理林权争议的主要依据。

当事人未持有林权证或者林权证确定权属有错误的，下列材料作为处理林权争议的证据。

1）土地改革时期，人民政府依法颁发的土地房产所有证或者发证时的档案清册。

2）土地改革时期，《土地改革法》规定不发证的森林、林木和林地的土地清册。

3）20 世纪 60 年代初，人民政府将劳力、土地、耕畜、农具固定给生产小队使用时（即"四固定"时期），人民政府确定的山林权属和经营范围的材料、文件。

4）20 世纪 80 年代初，县级以上人民政府开展的稳定山权林权、划定自留山、确定林业生产责任制时（即林业"三定"时期），县级以上人民政府核发的社员自留山证、社员责任山证及林业生产责任书等有关确定山林权属和经营范围的材料、文件。

5）当事人之间依法达成的林权争议协议及附图。

6）人民政府作出的已发生法律效力的林权争议裁决、处理决定。同一人民政府对该林权争议有数次裁决、处理决定的，以最后一次裁决、处理决定为依据；同一林权争议上一级人民政府有裁决、处理决定的，以该裁决、处理决定为依据。

7）人民法院对同一林权争议作出的发生法律效力的裁定、判决。

同时，下列材料可作为处理林权争议的参考依据。

1）土地改革、合作化时期有关森林、林木和林地权属的其他凭证；

3）依照法律、法规和有关政策规定，可以作为森林、林木和林地权属的其他凭证。

有下列规定情形之一的，属于林权证确定的权属有错误，原发证机关应当注销所发的林权证：

1）发证所依据的证据是伪造的或者一方当事人隐藏、毁灭有关证据的；

2）发证机关工作人员在发证时有徇私枉法行为的；

3）违反法定程序发放的；

4）法律法规规定的其他情形。

土地改革前有关森林、林木和林地权属的凭证，不得作为处理林权争议的依据、证据或者参考依据。

森林、林木和林地权属凭证记载的四至界限（即山林坐落位置东至、南至、西至、北至）清楚而面积与实地不相符的，应当以四至界限为准；四至界限不清楚，而该权属凭证记载的面积清楚的，以面积为准；权属凭证记载的面积、四至方位不清又无附图的，根据权属参考凭证也不能确定具体位置的，应当协商；协商不成的，由人民政府按照广西调处条例第五条规定的原则确定其权属。

当事人对同一林权均能够出具合法凭证的，应当协商解决；协商不成的，由县人民政府按照各方均分原则，结合自然地形等实际情况确定其权属。

申请人可以放弃或者变更申请请求。被申请人可以承认或者反驳申请请求，可以提出反请求。

对同一林权争议有利害关系的其他公民、法人或者组织可以作为第三人申请参加调处，或者由林权争议调处机构通知参加调处。

对当事人提供的材料，人民政府林权争议调处机构应当进行调查、核实。

人民政府林权争议调处机构对争议的森林、林木和林地进行实地调查取证时，①应当到权属争议现场勘验，并邀请当地基层组织代表（如村干部、小组长）参加，通知当事人及有关人员到场，被调查的单位或个人应当如实提供有关证明材料，勘验的情况和结果应当制作笔录，并绘制权属争议区域图，由勘验人、当事人和基层组织代表签名或者盖章。②向有关单位和个人调查取证时，调查的情况应当制作调查笔录，由调查人和补调查单位、个人签名或盖章。

(5) 调解

1）人民政府林权争议调处机构，应当根据自愿和合法的原则，对林权争议进行调解。调解是必经程序。调解应当制作调解笔录，这是关系程序是否合法的重大问题。调解的过程要在决定书中予以说明，写明"经召集双方调解无效"字样。经调解达成协议的，人民政府林权争议调处机构应当制作林权争议调解书，调解书应当由调解人员署名，加盖人民政府林权争议调解机构印章，当事人和特别授权委托代理人必须在调解书上签字，特别授权委托书应当附卷，并报同级人民政府及林业行政主管部门备案。

2）林权争议调解书（协议书）应当载明以下事项。

① 当事人的姓名或者名称，法定代表人姓名、职务；

② 争议的主要事实；

③ 协议内容，并附森林、林木和林地权属界线划定地形图；

④ 双方当事人的签名和盖章、调解人员签名并加盖主持调解的政府印章。

3）调解书一经送达即发生法律效力。当事人事后反悔的，政府根据该调解书作出的处理决定，法院一般应予以维持。当然，该调解书被政府或者法院认定无效或者予以撤销的除外。调解书从本质上来讲是民事合同（协议），其效力问题应当按照《民法通则》的有关规定进行判定。但是，由于山林权属纠纷案件的特殊性——政府对山林权属纠纷案件拥有处理权，因此，政府必然拥有对调解书效力的认定权，这与一般的民事合同纠纷专属法院管辖有所区别。

4）同一纠纷有多份调解书（协议）或处理决定、判决的，视为"合法的权属变更"，以最后一份为准。

（6）行政处理

1）人民政府林权争议调处机构调解林权争议未达成协议的，应当及时提出处理意见，报同级人民政府作出处理决定。

处理决定应当载明以下事项：

① 双方当事人的名称，法定代表人或委托代理人的姓名、职务；

② 山林权属争议的由来及事由；

③ 人民政府认定的事实及其依据；

④ 处理决定所依据的事实、理由和适用的法律、法规及行政规章；

⑤ 处理决定的内容，并附森林、林木和林地权属界线划定地形图；

⑥ 不服处理决定的救济的途径和期限；

⑦ 作出处理决定的人民政府的印章和日期。

2）当事人之间达成的林权争议调解协议或者人民政府作出的林权争议处理决定，涉及国有林业企业事业单位经营范围变更的，应当依法报有关行政机关批准。未经批准的调解协议和处理决定无效。

3）当事人对人民政府作出的林权争议处理决定不服的，可依法申请行政复议；对行政复议决定不服的，可依法提起行政诉讼。

4）县级以上人民政府应当根据生效的林权争议协议书、调解书、处理决定或者行政复议。

5）同一人民政府对同一山林权属争议作出过数次处理决定的，以最后一次处理决定为准。

（7）送达

依照民事诉讼法的规定。送达的方式有以下几种。

1）直接送达。由于送达具有相应的法律后果，有着重要的法律意义。因此，一般情况下，只要可能，就要把行政复议文书直接交到本人手中。依法律规定，送达行政复议文书，应当直接送交受送达人。受送达人是公民的，本人不在，交他的同住成年家属签收；受送达人是法人或者其他组织的，应当由法人的法定代表人、其他组织的主要负责人或者组织负责收件的人签收；受送达人已指定代收人的，送交代收人签收。受送达人的同住成年家属，法人或者其他组织的负责收件的人或者代收人在送达回证上签收的日期为送达日期。

2）留置送达。受送达人或者他的同住成年家属拒绝接收诉讼文书的，送达人应当邀请有关基层组织或者所在单位的代表到场，说明情况，在送达回证上记明拒收事由和日期，由送达人、见证人签名或者盖章，把诉讼文书留在受送达人的住所，即视为送达。

3）委托送达。直接送达诉讼文书有困难的，可以委托其他人民法院代为送达，或者邮寄送达的，以回执上注明的收件日期为送达日期。受送达人是军人的，通过其所在部队团以上单位的政府机关转交；受送达人是被监禁的，通过其所在监狱或者劳动改造单位转交；受送达人是被劳动教养的，通过其所在劳动教养单位转交。代为转交的机关、单位收到诉讼文书后，必须立即交受送达人签收，以在送达回证上的签收日期，为送达日期。

4）公告送达。受送达人下落不明，或者用其他方式无法送达的，公告送达。自发出公告之日起，经过六十日，即视为送达。

以上送达方式，行政处理文件的送达均可参照执行。

（8）结案归档

山林权属争议经人民政府调解或裁决的，只要当事单位在法定期限内没有提出异议，争议即告解决，填好山林纠纷结案登记表，并将有关资料立卷归档。

（9）权益救济

经调解达不成协议的，由政府及时作出的处理决定书，当事人对处理决定不服的，可以依法申请行政复议，对行政复议不服的，可以依法提起行政诉讼。

6.林木林地权属争议处理申请书的样式是什么?

林木林地权属争议处理
申请书

申请人 _____ 住所 _____ 电话 _____

法定代表人_____ 职务 _____ 电话 _____

委托代理人 _____身份证_____

住所_____电话_____

被申请人_____住所_____电话_____

法定代表人_____职务_____电话_____

住所_____电话_____

申请事项_____

_____

争议山场简况 : _____

坐落_____地名(土名)_____

四至范围(小班号)_____

面积 _____林种_____地类_____主要树种_____

主要事实和理由 : _____

_____

_____ (不够可另行附纸)

　　　此致

×××人民政府

申请人 :_____(签章)

法定代表人 :_____(签章)

_____年____月____日

附件 :

1. 本申请书副本_____份。

2. 权属凭证_____份。

3. 权源证明文件份。

4. 争议范围图(1:10000)及相关图表_____份。

5. 委托书及其他_____份。

6. 有委托代理人应在本申请书中说明被委托人情况,并在委托书中注明具体委托事项。

7.林木林地权属协议书的样式是什么?

林 木 林 地 权 属 协 议 书

甲方＿＿＿＿＿＿＿＿＿＿＿＿＿＿　住所＿＿＿＿＿＿＿＿＿　电话＿＿＿＿＿＿＿＿＿

法定代表人＿＿＿＿＿＿＿＿＿＿　职务＿＿＿＿＿＿＿＿＿　电话＿＿＿＿＿＿＿＿＿

委托代理人＿＿＿＿＿＿＿＿＿＿＿＿　身份证＿＿＿＿＿＿＿＿＿＿＿＿＿＿＿

住所＿＿＿＿＿＿＿＿＿＿＿＿＿＿＿　电话＿＿＿＿＿＿＿＿＿＿＿＿＿＿＿

乙方＿＿＿＿＿＿＿＿＿＿＿＿＿＿　住所＿＿＿＿＿＿＿＿＿　电话＿＿＿＿＿＿＿＿＿

法定代表人＿＿＿＿＿＿＿＿＿＿　职务＿＿＿＿＿＿＿＿＿　电话＿＿＿＿＿＿＿＿＿

委托代理人＿＿＿＿＿＿＿＿＿＿＿＿　身份证＿＿＿＿＿＿＿＿＿＿＿＿＿＿＿

住所＿＿＿＿＿＿＿＿＿＿＿＿＿＿＿　电话＿＿＿＿＿＿＿＿＿＿＿＿＿＿＿

第三人＿＿＿＿＿＿＿＿＿　住所＿＿＿＿＿＿　电话＿＿＿＿＿＿＿＿＿＿＿

法定代表人＿＿＿＿＿＿＿＿＿＿　职务＿＿＿＿＿＿＿＿＿　电话＿＿＿＿＿＿＿＿＿

委托代理人＿＿＿＿＿＿＿＿＿＿＿＿　身份证＿＿＿＿＿＿＿＿＿＿＿＿＿＿＿

住所＿＿＿＿＿＿＿＿＿＿＿＿＿＿＿　电话＿＿＿＿＿＿＿＿＿＿＿＿＿＿＿

争议的主要事实、理由和请求：＿＿＿＿＿＿＿＿＿＿＿＿＿＿＿＿＿＿＿＿＿＿＿

＿＿＿＿＿＿＿＿＿＿＿＿＿＿＿＿＿＿＿＿＿＿＿＿＿＿＿＿＿＿＿＿＿＿＿＿＿＿＿

＿＿＿＿＿＿＿＿＿＿＿＿＿＿＿＿＿＿＿＿＿＿＿＿＿＿＿＿＿＿＿＿＿＿＿＿＿＿＿

经当事各方自愿平等协商依法达成如下协议：

＿＿＿＿＿＿＿＿＿＿＿＿＿＿＿＿＿＿＿＿＿＿＿＿＿＿＿＿＿＿＿＿＿＿＿＿＿＿＿

＿＿＿＿＿＿＿＿＿＿＿＿＿＿＿＿＿＿＿＿＿＿＿＿＿＿＿＿＿＿＿＿＿＿＿＿＿＿＿

＿＿＿＿＿＿＿＿＿＿＿＿＿＿＿＿＿＿＿＿＿＿＿＿＿＿＿＿　（不够可另行附纸）

本协议书一式＿＿＿＿份，当事各方各持一份，并提交一份至双方共同的上一级人民政府林业主管部门存档。

本调解书经当事各方代表签字确认并签章后生效。

甲方代表（盖章）：　　　　　　　　　　乙方代表（盖章）：

委托代理人：　　　　　　　　　　　　　委托代理人：

　　　　　　　　　　　　　　　　　　　（有涉及第三方的也应由代表签字）

　　　　　　　　　　　　　　　　　　　＿＿＿＿＿年＿＿＿＿月＿＿＿＿日

附件：

1.林木林地权属界至图。

2.委托书及其他材料。

8.林木林地权属争议调解书的样式是什么?

林木林地权属争议调解书

申请人_____住所_____电话_____

法定代表人_____职务_____电话_____

委托代理人_____身份证_____

住所_____电话_____

被申请人_____住所_____电话_____

法定代表人_____ 职务_____电话_____

委托代理人_____身份证_____

住所_____电话_____

第三人_____住所_____电话_____

法定代表人_____ 职务_____电话_____

委托代理人_____身份证_____

住所_____电话_____

争议的主要事实、理由和请求:_____

_____

_____

经_____组织以上当事各方代表调解,自愿达成如下协议:_____

_____

_____(不够可另行附纸)

_____

本协议书一式_____份,当事各方各持一份。

本调解书经当事各方、本调处部门代表签字确认,并由调处部门签章后生效。

甲方代表(盖章):   乙方代表(盖章):

委托代理人: 委托代理人:

                                        (有涉及第三方的也应由代表签字)

                                        调解人员(签名):

                                        _____年_____月_____日

                                        (调处部门盖章)

附件:

1.林木林地权属界至图。

2.委托书及其他材料。

9.怎样申请行政复议与国家赔偿?

1）行政复议是对原行政机关所作出的行政行为不服，向上一级行政机关或者同级人民政府申请复议，复议的结果一般分为维持原行政行为、改变原行政行为。如果是改变原行政行为，符合国家赔偿的才能申请国家赔偿。

2）符合《中华人民共和国国家赔偿法》第三、四条规定的，可以申请国家赔偿。

第三条　行政机关及其工作人员在行使行政职权时有下列侵犯人身权情形之一的，受害人有取得赔偿的权利：

（一）违法拘留或者违法采取限制公民人身自由的行政强制措施的；

（二）非法拘禁或者以其他方法非法剥夺公民人身自由的；

（三）以殴打、虐待等行为或者唆使、放纵他人以殴打、虐待等行为造成公民身体伤害或者死亡的；

（四）违法使用武器、警械造成公民身体伤害或者死亡的；

（五）造成公民身体伤害或者死亡的其他违法行为。

第四条　行政机关及其工作人员在行使行政职权时有下列侵犯财产权情形之一的，受害人有取得赔偿的权利：

（一）违法实施罚款、吊销许可证和执照、责令停产停业、没收财物等行政处罚的；

（二）违法对财产采取查封、扣押、冻结等行政强制措施的；

（三）违法征收、征用财产的；

（四）造成财产损害的其他违法行为。

3）如何申请国家赔偿。

行政复议成功的，一般原行政机关是赔偿义务机关，申请国家赔偿可以分两步走。

第一，申请人应当先向赔偿义务机关提出，也可以在申请行政复议或者提起行政诉讼时一并提出。赔偿义务机关应当自收到申请之日起两个月内，作出是否赔偿的决定。赔偿义务机关作出赔偿决定，应当充分听取赔偿请求人的意见，并可以与赔偿请求人就赔偿方式、赔偿项目和赔偿数额进行协商。

第二，如果赔偿义务机关作出不赔偿的决定或者赔偿请求人对赔偿的方式、项目、数额有异议的，或者赔偿义务机关作出不予赔偿决定的，赔偿请求人可以自赔偿义务机关作出赔偿或者不予赔偿决定之日起 3 个月内，向人民法院提起诉讼。

10.法律咨询相关参考书籍有哪些?

1)《法律咨询大全》(沈典主编，辽宁人民出版社 1988 年出版)；

2)《法律顾问与咨询实用大全》(郭翔主编，民族出版社 1988 年出版)；

3)《实用法律顾问大全》(韩起祥主编，东北师范大学出版社 1992 年出版)。

第 8 章　森林资产评估服务

第8章 森林资产评估服务

8.1 森林资产评估基础

1.什么是森林资源资产?

森林资源资产(简称森林资产)是自然资源资产的重要组成部分,它以森林资源为内涵,在现有认识和科学水平条件下,能够被特定的权利主体拥有和控制,通过交易或经营利用,能够或预期能够为特定的权利主体带来经济利益和使用价值的各种资源。森林资产包括森林、林木、林地资产以及依托森林、林木、林地生存的野生动植物资产、微生物资产、林内人工养殖的动植物资产、森林景观资产、森林生态资产和森林资源相关的其他资产。

森林资源是陆地生态系统的主体,它具有生态效益、社会效益和经济效益,是人类生存必要条件。森林资源又是人类社会极为重要的财富,森林资源资产是以森林资源为物质内涵的资产,是森林资源中具有资产性质的一部分经济资源,它是林业企业赖以生存和发展的物质基础、生产资料的主要来源。森林资源资产是自然资源资产的主要组成部分,是一种具有再生能力的自然资源资产。

森林资源资产是在现有的经营能力和管理水平条件下,通过进行经营利用,能给其产权主体带来一定经济利益的森林资源。森林资源成为资产应该具备3个基本条件:一是产权主体明晰;二是人们利用现有手段可控;三是能给经营主体来带经济收益。森林资源资产按其外部形态可以分为林木资产、林地资产、森林景观资产和森林环境资产。

2.什么是森林资产评估?

森林资产评估是根据特定的评估目的、遵循社会客观经济规律和公允的原则,按照国家法定的标准和程序,运用科学可行的方法,以统一的货币单位,对具有资产属性的森林资源实体以及预期收益在评估基准日进行评定估算,并发表专业意见的行为和过程。它是评估者根据被评估森林资源资产的实际情况、所掌握的市场动态资料和对现在及未来进行多因素分析的基础上,对森林资源资产所具有的市场价值进行评定估算。

森林资产的评估是整个资产评估的重要组成部分,它是以森林资源中具备资产条件的部分资源(森林资源资产)为对象,进行市场价格的判断。

森林资源资产评估是一项技术性、政策性很强的工作。从业者不仅要掌握一般资产评估的理论和技术，而且还要了解森林资源本身特殊的生长变化规律、森林的经营技术和调查技术等，其知识结构既涉及林学、采运的专业知识，又涉及经济学、法学、管理学等方面的知识，要求多科学的协同工作。

森林资源资产评估与一般资产评估不一样，它是一种动态的、市场化的社会经济活动。森林资源资产作为一种能带来收益的商品，其本身的价值量是由特定时期创造该资产的社会必要劳动时间所决定的，它的货币表现形式为价格，却要受到市场供求关系等客观因素所影响。因此，特定时间，特定地点条件对某一森林资源资产进行评估的结果与其价值量不可能完全相符。森林资源资产的评估是为特定的目的服务的。同样的森林资源资产因评估的目的不同，所采纳的评估标准和评估方法就可能不同，所得的结果也就不同。在某种意义上森林资源资产评估的结论只能是一种判断性意见。通常是建立在外部环境，按技术上的可能性，经济上的合理性而进行充分分析的基础之上的，它会随各种因素的变化而变化。这构成了森林资源资产评估的特殊性质。

3.森林资源资产评估需要遵循哪些原则？

(1) 基本原则

森林资源资产评估必须遵循公平性原则、科学性原则、客观性原则、独立性原则、可行性原则等基本原则。

(2) 前提性原则

森林资源资产评估要遵循产权利益主体变动原则，即以被评估森林资源资产的产权利益主体变动为前提或假设前提，确定被评估资产基准日时点上的现行公允价值。产权利益主体变动包括利益主体的全部改变、部分改变及假设改变。

(3) 操作性原则

森林资源资产评估要遵循资产持续经营原则、替代性原则和公开市场等操作性原则。

1）持续经营原则是指评估时需根据被评估森林资源资产按目前的林业用途、规模继续使用或有所改变的基础上继续使用，相应确定评估方法、参数和依据。

2）替代性原则是指评估作价时，如果同一森林资源资产或同种森林资源资产在评估基准日可能实现的或实际存在的价格或价格标准有多种，则应选用最低的一种。

3）公开市场原则（公允市价原则）是指森林资源资产评估选取的作价依据和评估结论都可在公开市场存在或成立。森林资源资产交易条件公开并且不具有排他性。

8.2 森林资产评估实务

1.森林资源资产评估有哪些基本方法？

森林资源资产评估以总体、森林类型或小班为单位进行评定估算，主要方法有以下几种。

(1) 市价法

市价法是以被评估森林资源资产现行市价或相同、类似森林资源资产现行市价为基础进行评定估算的评估方法。运用市场法进行资产评估，必须满足两个基本的前提条件：一是要有一个充分发育、活跃的资本交易市场；二是参照物及其与被评估资产可比较的指标、技术参数等资料均可以通过正常渠道收集到。

(2) 收益现值法

收益现值法是通过估算被评估森林资源资产在未来的预期收益，并采用适宜的折现率(一般采用林业行业投资收益率)折算成现值。然后累加求和，得出被评估资产价值的评估方法。运用收益法评估必须具备两个前提条件：一是被评估资产必须是能用货币衡量其未来期望收益的单项或者整体资产；二是资产所有者所承担的风险必须能够用货币来衡量。

(3) 成本法

成本法是指在评估资产时按照被评估的资产的现时重置成本扣减其各项损耗价值来评估资产价值的资产评估方法。资产重置成本可以分为复原重置成本和更新重置成本两种。复原重置成本是指采用和评估对象相同的材料、建筑或制造标准、设计、规格和技术等，以现行的价格水平构建与评估对象具有同等功能的全新资产所需要的费用。更新重置成本是指利用新型材料，并根据现代标准、设计及格式，以现时价格生产成建造具有同等功能的全新资产所需的成本。资产损耗价值包括资产的实体性贬值、资产的功能性贬值和资产的经济型贬值三部分。资产的实体性贬值是指资产由于使用及自然力的作用导致的资产物理性能的损耗或下降而引起的资产价值损失；资产的功能性贬值是指由于技术进步引起的资产功能相对落后而造成的资产价值的损失；资产的经济性贬值是指由于外部性条件变化引起的资产闲置、收益下降等造成的资产价值损失。

(4) 清算价格法

清算价格法是根据林业企事业单位清算时森林资源资产的变现价格确定评估价的评估方法。

(5) 其他方法

其他方法主要指经国家林业局、国家国有资产管理局认可的其他评估方法。

森林资源资产评估应根据评估方法的适用条件、评估对象、评估目的选用一种或几种方法进行评定估算，综合确定评估价值。选择资产评估方法必须充分考虑以下 3 个因素：一是所选择的资产评估方法必须与所评估资产的价值类型相适应；二是所选择的资产评估方法必须与被评估对象相适应；三是评估方法的选择要收到可收集数据与信息资料的制约。

2.森林资源资产评估程序是怎样的？

(1) 评估准备阶段　(如图8.1所示)

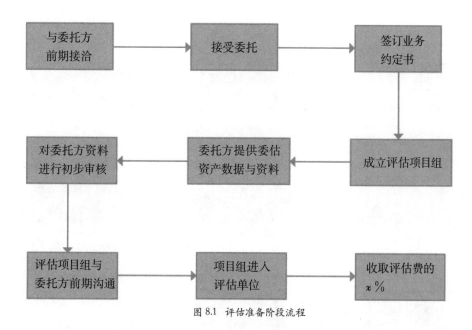

图 8.1　评估准备阶段流程

1) 与委托方就项目意向进行前期接洽。包括项目背景了解，项目初步报价（或项目投标）等工作项。

2) 接受委托。签订业务约定书。当与委托方就项目进程、项目报价等达成一致，并且此项目通过评估公司风险审核，决定接受项目委托后，与委托方签订正式的业务约定书。

3) 成立森林资源资产评估项目组。依据项目的规模、复杂程度，确定项目负责人以及项目组成员，同时确定森林资源核查技术单位，组建外业核查队伍，共同组成评估项目组。

4) 取得委托方提供的相关数据与资料。由委托方提供计划评估森林资源资产的相关数据清单及图件，作为进行森林资源资产评估的委估资产清单。

5) 对委托方数据及图件进行分析审核。补充完善对委托方提供的数据资料及图件，项目组进行初步分析审核，确定是否可以支持外业工作，是否需委托方进行相关补充完善。并且，依据资料的完整程度，确定本次森林资源采取抽样核查还是全面调查。

6）编制确定资产评估工作计划和森林资源核查工作方案。依据委托方提供的数据资料及图件，编制项目组内部评估工作方案和森林资源资产核查技术方案。

7）与委托方就项目组进场前相关配合事项进行沟通。与委托方就项目组进驻现场，相关人员、车辆、后勤等相关工作进行沟通，并达成具体的意见。同时，项目组就现场所需的器材、资料、人员等进行相关的准备。

8）评估项目组进驻现场，同时完成对相关作业人员操作原则、作业技术、工作方法的前期培训。

（2）评定估算阶段（如图8.2所示）

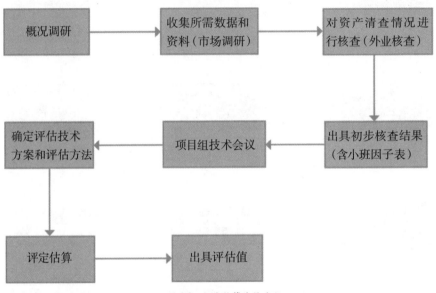

图 8.2　评定估算阶段流程

1）概况调研。对委托单位、资产占有方等相关当事方，项目背景，委估资产状况，项目区经济、社会环境等进行调研。

2）市场调研，收集评估所需数据及资料。对委估资产涉及的市场信息、法律法规、相关数表等资料，进行收集整理，为评定估算做准备。

3）资源核查。根据评估范围内森林资源地域、林种、林龄的分布状况，依据前期制定的核查的工作方案和技术方案，结合各作业地块的具体情况，确定抽样小班及抽样人员，进入林地现场，对小班调查卡内因子项进行核查，对关系评定估算的树种、林组、林龄、蓄积、胸径、树高、单位面积株数、立地等级、地利等级等重要林况因子，进行重点关注与核查，对评定估算所需的其他附加因子，进行必要的补充调查。

4）项目组技术会议。外业工作结束后，召开项目组技术会议，通过对外业核查结果的分析，听取森林资源、调查、评估等相关专家的意见，确定评定估算的技术方案。

5）评定估算。通过对前期项目区市场调研数据和外业核查结果的汇总分析，由专业评估技术人员依据评估准则和技术规范的基本要求，选取适宜的评估方法和技术参数，采用评估公司数据库计算系统进行估算。估算参数、过程、结果通过审核人员三级审核后，最终出具评估结果。

（3）出具报告阶段（如图8.3所示）

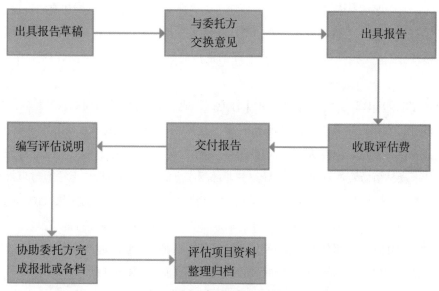

图 8.3　出具报告阶段流程

1）出具报告草稿。由专业评估技术人员撰写评估报告、资产核查报告草稿，制作资源分布草图，与委托方沟通，并交换意见，最终达成共识。

2）出具正式报告。在与委托方完成沟通并通成一致意见后，由评估公司出具正式的资产评估报告，由资源核查单位出具正式的资源核查报告及资源分布图。

3）协助委托方完成项目报批或备案。当项目需进行项目申报审批或项目备案，评估公司将协助委托方完成，向委托方提供必要的项目资料。

3.对森林资产评估机构有哪些规定？

1998 年 8 月 18 日，财政部下发了《关于开展全国资产评估行业清理整顿工作的通知》（财评字 [1998]101 号），决定自 1998 年 9 月起到 1999 年 12 月底在全国开展资产评估行业清理整顿工作,明确要求各资产评估机构要在清理整顿的基础上,与挂靠或主办单位在人员、财物、职能、名称、机构性质 5 个方面进行彻底脱钩,经验收合格并认定具有执业资格的注册资产评估师及相应的资产评估机构,由省以上资产评估行政主管部门颁发政府统一制定的执业证书。

1999 年 3 月 25 日,财政部印发了《资产评估机构管理暂行办法》(财评字 [1999]118 号),明确财政部是全国资产评估行政主管部门,对资产评估机构实行资格管理,资产评估机构实行 A、B、C 三级管理。资产评估机构由注册会计师出资设立,可以设立合伙制资产评估机构(名称为 ××× 资产评估事务所),也可以设立有限责任公司形式的资产评估机构(名称为 ××× 资产评估有限责任公司),并规定了成立合伙制资产评估机构和有限责任公司形式资产评估机构的具体条件。具备条件的资产评估机构由财政部或省、自治区、直辖市及计划单列市财政厅(局)授予资格并办理资产评估资格证书。资产评估机构取得资格证书后方可执业。

财评字 [1998]118 号文件下发后,由于林业部门成立的一些专职森林资源资产评估机构成立时间较晚,人员资质条件多数达不到财评字 [1999]118 号文件要求,加上森林资源资产评估市场尚未发育成熟,同时从事森林资源资产评估的林业技术人员多数也不愿意离开所在单位专门从事森林资源资产评估工作,导致林业部门成立的资产评估机构无法通过审批和年检。有的自行消亡、有的不得不并入综合评估机构,给森林资源资产评估带来很大的影响。

2003 年 12 月,国务院办公厅转发了《财政部关于加强和规范评估行业管理意见的通知》(国发办 [2003]101 号),明确在全国设置注册资产评估师、注册房地产评估师、土地估价师、矿业权评估师、保险公估从业人员和机动车鉴定估价师 6 类资产评估专业资格。

2005 年 5 月,财政部以 22 号令印发《资产评估机构审批管理办法》,明确财政部为全国资产评估主管部门,依法负责审批管理、监督全国资产评估机构,统一制定资产评估机构管理制度。资产评估机构组织形式为合伙制或有限责任公司制,合伙制资产评估机构的基本条件为:由 2 名以上符合规定的合伙人合伙设立,有 5 名以上注册资产评估师(含合伙人),合伙人实际缴付的出资为人民币 10 万元以上。公司制资产评估机构的基本条件为:由 2 名以上符合规定的股东出资设立,有 8 名以上注册资产评估师(含股东),注册资本为人民币 30 万元以上。资产评估机构依法从事资产评估业务,不受行政区域、行业限制,任何组织和个人不得非法干预。

国发办 [2003]101 号文件及财政部 2005 年 22 号令的颁布,使专职森林资源资产评估机构和人员从专业资格上、机构设立上都遇到了政策性障碍,给开展森林资源资产评估工作带来了很大影响。

4.森林资源资产核查方法有哪些?

森林资源资产的实物量是价值量评估的基础,评估机构在森林资源资产价值量评定估算前,必须对委托单位提交的有效森林资源资产清单上所列资产的数量和质量进行认真核查,要求账面、图面、实地三者一致。林资源资产的核查项目,主要包括权属、林地或森林类型的数量、质量和空间位置等内容。

森林资源资产的核查分为抽样控制法、小班抽查法和全面核查法。评估机构可按照不同的评估目的、评估种类、具体评估对象的特点和委托方的要求选择使用。

(1) 抽样控制法

本方法以评估对象为抽样总体,以95%的可靠性,布设一定数量的样地进行实地调查,要求总体蓄积量抽样精度达到90%以上。林地的核查,首先依据具有法定效力的资料,核对其境界线是否正确,然后在林业基本图或林相图上直接量算或采用成数抽样的办法核查各类土地和森林类型的面积,主要地类的抽样精度要求达到95%以上(可靠性95%)。

如委托方提交的资产清单中各类土地、森林类型的面积和森林蓄积量在估测区间范围内,则按照资产清单所列的实物数量、质量进行评估。若超出估测区间,则该资产清单不符合评估要求,应通知委托方另行提交新的森林资源资产清单。

(2) 小班抽查法

本方法采用随机抽样或典型选样的方法分别林地及森林类型、林龄等因子,抽出若干比例小班进行核查。核查的小班个数依据评估目的、林分结构等因素来确定。对抽中小班的各项按规定必须进行核查的因子进行实地调查,以每个小班中80%的核查项目误差不超出允许值,视为合格。

小班核查因子的允许误差范围采用林业部《森林资源调查主要技术规定》的A级标准。

核查小班合格率低于90%,则该资产清单不能用作资产评估,应通知委托方另行提交资产清单。

(3) 全面核查法

本方法对资产清单上的全部小班逐个进行核查。对即将采伐的小班设置一定数量的样地进行实测,必要时进行全林每木检尺。

核查小班内各核查项目的允许误差按小班抽查法的规定执行。对经核查超过允许误差的小班,通知委托方另行提交资产清单。

5.资产评估报告书及送审需要哪些材料?

森林资源资产评估报告书是评估机构在完成评估工作后,向委托方提交的说明评估目的、程序、标准、依据、方法、结果及其适用条件等基本情况的报告书。它对被评估森林资源资产在特定条件下的公允市价提出了专家意见，对评估机构履行委托协议的情况进行总结，并据以界定评估机构应承担的法律责任。也是对评估机构的职业道德、执业能力和水平进行检查监督的依据。

森林资源资产评估报告书包括正文和附件两部分。其内容主要是报告评估结论、阐述评估结果成立的前提条件。说明取得评估结果的主要过程、方法和依据。并附报必要的文件材料。

森林资源资产评估报告书撰写的内容、格式、报批等要求按《关于转发〈资产评估操作规范意见（试行）〉的通知》（以下简称《规范意见》）办理。

森林资源资产评估机构还要按规定向有关主管部门编报"森林资源资产评估报告书送审专用材料"。该材料除按《规范意见》办理外。还应根据森林资源资产的特点编报以下材料：

1）森林资源资产核查报告，写明森林资源资产经济情形涉及的范围、对象、所处的地理位置、自然条件、相关的社会经济条件。森林资源资产核查方法、核查采用的技术标准、核查过程、核查结果、有关的说明。并由森林资源资产核查负责人签章。

2）森林资源资产评估技术经济指标，列出在评估过程中使用的各种技术经济指标。

3）林木及林地资产评定估算过程，列出各类林木及林地资产评估测算中所采用的方法、公式、测算过程和测算结果。

6.森林资源资产评估报告需要哪些资料？

森林资源资产由于所具有的经营的永续性、再生的长期性、分布的辽阔性、功能的多样性、管理的艰巨性等特点，其评估有别于其他一般资产的评估，所需资料也不同。对于不同目的、不同种类、不同范围的森林资源资产，其评估所需资料也不同，这些资料的一部分要求森林资源资产的占用单位提供，但相当一部分则要求森林资源资产评估单位和评估人员调查收集。

(1) 森林资源资产评估所需材料

1）森林资源资料。

① 森林资源资产清单（以小班一览表或调查簿形式按小班提供）。

② 各类森林资源统计表，包括各类土地面积统计表，各类森林蓄积统计表，用材林各优势树种各龄组面积、蓄积统计表，用材林各经营类型各龄级面积、蓄积统计表，人工林各经营类型各年度面积、蓄积统计表，经济林、竹林面积统计表，成熟林各树种面积、蓄积表。

③ 图面资料，包括森林资源分布图，林场林相图，林场小班地形图（1：10000、1：25000、1：50000）。

2）森林资源权属资料。

① 县以上人民政府颁发的山林权属证书及林权证书清册；

② 山林权权属图；

③ 有关森林经营的合同、协议书等；

④ 县以上人民政府山林权属纠纷处理办公室的有关山林权处理决定、证明。

3）森林经营资料。

① 林场概况资料；

② 林场森林经营方案；

③ 林场森林采伐限额指标及说明；

④ 木材销售及价格（含产量、树种、材种及不同径级的价格说明）；

⑤ 各树种、材种、不同胸径、树高的出材率及主要材种的平均出材率；

⑥ 森林采伐成本（采伐工价，各阶段生产工序的定额，及难度系数，各工序的生产成本，集材及林道修筑的情况及成本）；

⑦ 营林生产成本（营林工价，苗木及肥料，各工序生产难度，定额，平均生产成本，护林防火成本）；

⑧ 销售及税费（仓储及销售成本，各种税收及计税方式，各种税金及计算方法）；

⑨ 管理费用分摊情况；

⑩ 各种测树及经营用表（各树种、各材种出材率表和立木材积表，森林经营类型设计表）。

(2) 经济林资源资产评估报告所需资料

1）资源资料。

① 经济林资源资产清单（以小班一览表或调查簿形式按小班提供）；

② 经济林分树种、年度的面积统计表；

③ 林地地形基本图（1∶10000、1∶25000、1∶50000）；

④ 各种经济林资源资产的发育阶段划分标准。

2）森林资源权属资料。

① 县以上人民政府颁发的山林权属证书及林权证书清册；

② 山林权权属图；

③ 有关森林经营的合同、协议书等；

④ 县以上人民政府山林权属纠纷处理办公室的有关山林权处理决定、证明。

3）森林经营资料。

① 各种经济林产品近年价格；

② 待评估资产近年各经济林产品的产量；

③ 各经济林营林标准、定额与成本；

④ 经济林的采集及资料成本；

⑤ 经济林产品的税费标准及计算方法；

⑥ 管理费用分摊情况。

(3) 景观资源资产评估报告所需资料

1) 资源资料。

① 景观资源清单；

② 景观资源分布图；

③ 景观资源基本图；

④ 景观资源资产评估资料（包括地质、水文、地貌、动植物、天文等评价及区位、交通、适游期、知名度、市场需求等到资料）。

2) 森林资源权属资料。

① 山林权证书；

② 山林权属图；

③ 附属设施产权证书；

④ 景观经营有关各种协议、证书。

3) 经营材料。

① 景区经济地理资料（附近地区主要城市、人口及经济状况）；

② 距主要城市距离及旅游成本；

③ 景区近年经营财务会计资料（景区近年各类经营收入、各类经营成本、原投资及投资收益、税收交纳情况、景区近年经营净收益）；

④ 景区近期、远期发展规划；

⑤ 近期游客动态资料预测资料；

⑥ 现有附属设施的投资额及收益率。

7.森林资产评估相关参考书籍有哪些？

1)《森林资源资产价格评估案例选编》（杨春贵、云金平主编,中国市场出版社 2013 年出版）;

2)《森林资源资产评估知识读本》（郭保香编写, 中国林业出版社 2011 年出版）;

3)《森林资源资产评估实务》（董新春主编, 中国林业出版社 2010 年出版）。

第 9 章　森林采伐运输服务

第9章 森林采伐运输服务

9.1 森林采伐基础知识

1.什么是森林采伐?

森林采伐是指在一定的森林面积上,对生长到一定时候的人工林或天然林,依法进行抚育、改造或更新再造等活动的总称。

2.森林采伐有哪些类型?

森林采伐是对森林和林木所进行的一项经营管理活动,包括主伐、抚育采伐、更新采伐、低产(效)林改造采伐四种类型。

3.什么是主伐?有哪些分类?

主伐是对成熟林分或部分成熟林木进行采伐,适用于对用材林、薪炭林的采伐,包括皆伐、择伐、渐伐三种方式。

(1) 皆伐

适用于单层同龄的成、过熟林,以及需要更换树种的林分。天然阔叶林和生态环境脆弱地区的森林,禁止皆伐。

皆伐面积以 5 公顷以下为宜,坡度平缓,不易造成水土流失且能及时更新的地方,面积可适当扩大,但一次连片皆伐最大面积不得超过 20 公顷。皆伐伐区之间间隔的面积不得少于皆伐的面积。

(2) 择伐

适用于复层异龄林、皆伐后易引起水土流失或培育大径级木材的单层林,以及毛竹林。

择伐林木的平均年龄须在近熟林以上。对影响周围树木生长的"霸王树",遭病虫、雷击、风、雪压等危害无生长前途的林木优先安排择伐。人工林择伐强度一般不得大于伐前林木蓄积量的 25%,天然林择伐强度一般不得大于伐前林木蓄积量的 40%,择伐后林分郁闭度应保留在 0.5 以上。回归年或择伐周期不得少于一个龄级期。

毛竹采伐以单株择伐方式进行,采伐后每公顷保留健壮的大径级母竹不得少于 2 侧株。杂竹采伐根据生长特性和经营目的选择合理的采伐方式。

(3) 渐伐

适用于天然更新能力强且伐后人工更新困难的成、过熟单层林或接近单层林的林分，以及皆伐后易发生水土流失的成熟、过熟同龄林或单层林。上层林分郁闭度较小，林内幼苗、幼树株数已达更新标准，分两次渐伐，第一次采伐林木蓄积量的 50%；当上层林木郁闭度较大，林内幼苗、幼树株数达不到更新标准时，分三次渐伐，第一次采伐林木蓄积量的 30%，第二次采伐保留林木蓄积量的 50%，林内幼树达到更新标准，并开始郁闭时，最后将留下的成熟、过熟森林全部伐光。渐伐作业的全部采伐更新过程一般不超过个龄级期。

4.什么是抚育伐？采伐对象有哪些？

1）抚育采伐是对密度较大的幼、中龄林实施的一种培育措施，其目的是调整林分组成或密度，改善林分生长环境，争取中间利用，提高林分产量和质量。

2）抚育采伐必须坚持砍小留大，砍密留稀，砍劣留优的原则。

3）抚育采伐对象

①人工幼龄林郁闭度 0.9 以上、中龄林郁闭度 0.8 以上的林分，天然幼龄林郁闭度 0.8 以上、中龄林郁闭度 0.7 以上的林分。

②非目的树种、残留的上一世代林木、霸王树以及杂草、灌木、藤蔓等影响目的树种生长的天然幼龄林。

③遭受轻度病虫害、火灾及雪压、风倒、风折等自然灾害的林分。

④出于游憩目的需要改变群落结构与组成的林分。

5.抚育伐有哪些种类？

1）透光伐：在幼龄林阶段进行。对纯林主要是间密留匀、去劣存优。对混交林主要是调整林分组成，同时伐去目的树种中生长不良的林木。透光伐的实施可视林分特征和交通、劳力等社会经济条件不同分别采取全面抚育、团状抚育或带状抚育方式。

2）疏伐（生长伐）：在中龄林阶段进行。主要为促进林木的干形生长，培育优良木，伐除生长过密和生长不良的林木。疏伐的方法有上层疏伐、下层疏伐、综合疏伐、机械疏伐等四种方法。

3）卫生伐：在遭受病虫害、风折、风倒、雪压、森林火灾的林分中进行，伐除已被危害、丧失培育前途的林木。

6.什么是森林采伐限额？

森林采伐限额是国家按照合理经营、永续利用的原则，对森林和林木实行限制采伐的最大控制指标。森林采伐限额制度是《中华人民共和国森林法》明确规定的，对森林采伐进行管理的一项重要的法律制度。

7.森林采伐限额管理制度有哪些相关规定?

现行森林采伐管理制度是我国森林资源保护的重要举措,是保证森林采伐有序进行、林业生态安全重要法律保障。从目前我国相关法律法规规定来看,森林采伐管理制度主要包括年森林采伐限额、年度木材生产计划、凭证采伐、林区木材经营和监督管理、凭证运输等制度。《中华人民共和国森林法》第二十九条、《中华人民共和国森林法实施条例》第二十八条对年森林采伐限额作出规定,《中华人民共和国森林法》第三十条、第三十二条、第三十六条、第三十七条规定了森林采伐实行年度木材生产计划、林木采伐许可证、林区木材经营和监督管理、运输证件等相关法律制度。

我国现行森林采伐限额制度主要包括一般规定和特殊规定的内容。

(1) 一般规定

国家根据用材林的消耗量低于生长量的原则,严格控制森林年采伐量。国家所有的森林和林木以国有林业企业、事业单位、农场、厂矿为单位,集体所有的森林和林木、个人所有的林木以县为单位,制定年采伐限额,由省、自治区、直辖市林业主管部门汇总,经同级人民政府审核后,报国务院批准。为了吸引外资投资造林,我国《中华人民共和国森林法实施条例》第 33 条规定,利用外资营造的用材林达到一定规模需要采伐的,应当在国务院批准的年森林采伐限额内,由省、自治区、直辖市人民政府林业主管部门批准,实行采伐限额单列。从事森林采伐的企业、林场、个人都要在其采伐限额内凭证采伐、凭证运输。

(2) 特别规定

根据国家林业局下发的《关于完善人工商品林采伐管理的意见》(林资发 [2003]244 号),我国对人工商品林的采伐问题做出了新的规定。

依法编制和实施森林经营方案的人工商品林,其年森林采伐限额根据森林经营方案确定的合理年森林采伐量制定。达到一定规模的人工商品林,其经营单位或个人可以单独编制年森林采伐限额。"一定规模"的标准由省级林业主管部门确定。国家对人工商品林的年森林采伐限额和年度木材生产计划实行单列。在采伐限额编制单位内,人工商品林年森林采伐限额本年有节余的,经省、自治区、直辖市林业主管部门批准,报国务院林业主管部门备案,可以结转下年使用。在非林地上营造的商品林,森林经营者要求采伐的,县级以上林业主管部门应当保证其年森林采伐限额和年度木材生产计划,依法发放林木采伐许可证。

8.森林采伐作业应当遵守哪些规定?

国营林业局和国营、集体林场的采伐作业,应当遵守下列规定:

1) 按林木采伐许可证和伐区设计进行采伐,不得越界采伐或者遗弃应当采伐的林木。

2) 择伐和渐伐作业实行采伐木挂号,先伐除病腐木、风折木、枯立木以及影响目的树种生长和无生长前途的树木，保留生长健壮、经济价值高的树木。

3）控制树倒方向，固定集材道，保护幼苗、幼树、母树和其他保留树木。依靠天然更新的，伐后林地上幼苗、幼树株数保存率应当达到 60% 以上。

4）采伐的木材长度 2m 以上，小头直径不小于 8cm 的，全部运出利用；伐根高度不得超过10cm。

5）伐区内的采伐剩余物和藤条、灌木，在不影响森林更新的原则下，采取保留、利用、火烧、堆集或者截短散铺方法清理。

6）对容易引起水土冲刷的集材主道，应当采取防护措施。其他单位和个人的采伐作业，参照上述规定执行。

9.国外抚育伐的种类与方法有哪些?

世界上一些林业发达国家都很重视抚育采伐，通过了解他们的抚育采伐，对于我们的林业事业将有着很好的借鉴意义。这些国家抚育采伐的种类与方法很多，名称也不一样，但总体上区别不大，内容上相似。现介绍如下。

(1) 美国抚育伐

美国抚育伐分为五类。第一类是除伐，是对尚未郁闭或郁闭的幼林中的无用单株与欺压目的树种的次要树种加以采伐，对危害有用林木的草木、藤蔓也应刈除。因此，应用范围较广，相当于中国的透光伐与除伐。第二类自由伐，在幼林中进行，去掉"上层过熟木"，使幼树不被压，得到自由生长发育，相当于中国通常采取的"解放伐"。第三类是疏伐，对幼龄以后未成熟的林分进行的抚育采伐，使保留木得到较好的生长条件，相当于中国的疏伐与生长伐。第四类是整理伐，即改良伐，是在幼龄期以后林分中的主林层里伐去次要树种、不良形状与生育不良的林木，借以改善其组成与性质。林分如早已进行过除伐与自由伐，则不必再进行整理伐。整理伐与自由伐被认为是除伐的特殊类型。第五类是废材伐，又叫除害伐，林分由于受害或已死亡的个体阻止受害木的病虫蔓延，所以它又叫拯救伐。

(2) 日本抚育伐

日本传统抚育采伐的方法有寺畸式和牛山式两种。寺畸式间伐是将林木按树形划分为五级。根据林木外形进行间伐。但由于每个人的技术水平不同，很难进行准确的划分，达到相同的标准；牛山式间伐是将林木分为优良木、中等木、不良木 3 级。它要求同一直径的林木要有同一空间，由此确定直径—树间距离，这一方法比较简单实用。另外，在 20 世纪 70年代，有关人士推出了一种"茄子摘除伐"的采伐方式，即采伐优势木。此法简便易行，它是将一切基准立足于价值生产和现在的价值收益。日本很重视抚育采伐，从 1981 年以来，把抚育采伐列为林业最大的综合政策。

(3) 俄罗斯抚育伐

俄罗斯抚育伐的种类与方法，和我国 1957 年颁布的《森林发育采伐规程》分类方法一致，将抚育采伐分为四种，即透光伐、除伐、疏伐和生长伐。

9.2 林木采伐许可及运输

1.如何办理林木采伐许可证?

1) 行政许可依据:《中华人民共和国森林法》第三十二条第一款:采伐林木必须申请采伐许可证，按许可证的规定进行采伐。

2) 申请林木采伐证应具备以下条件:

① 申请人必须是林林所有者或经营管理者;

② 申请采伐的林木必须符合森林法第三十一条;

③ 没有出现森林法实施条例第三十一条中的任何一情况。

3) 申请林木采伐许可证，除应当提交申请采伐林木的所有权证书或使用权证书处，还需要提交以下相应的证明文件:

① 国有林业企业单位、国有农场、集体经济组织及定向培育林木的经营单位，还应当提交伐区调查设计文件和上年度采伐更新造林验收合格证明;

② 其他单位还应当提交包括采伐林木的目的、地点、林种、林况、面积、蓄积、方式和更新措施等内容的文件;

③ 个人还应当提交包括采伐林木的地点、面积、树种、株数、蓄积量、更新时间等内容的文件;

④ 采伐征占林地上的林木，还应当提交林业主管部门核发的使用林地审核同意书。

4) 程序如图 9.1 所示。

① 提交采伐申请;

② 实地规划设计;

③ 审批;

④ 办理采伐许可证。

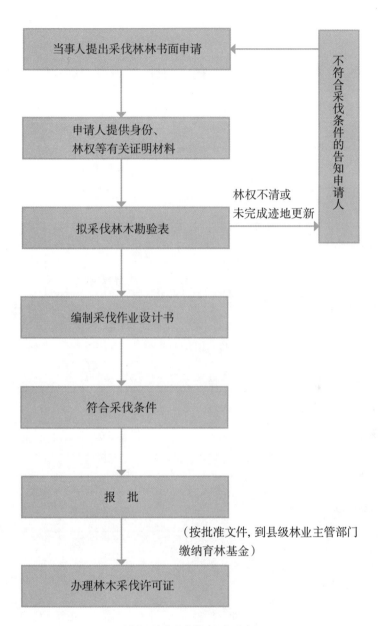

图 9.1　林木采伐许可证办理流程

林 木 采 伐 申 请 书

（国有、集体、个人）

林采申字（20　　）第　　　　　号

申请采伐单位			伐区调查设计书号			
申请采伐理由						
林木采伐计划	批准机关		批准文号		采伐规划审批号	
山林权属	山权单位			林权单位		
	林权证		字		号	
采伐地点	乡镇（场）　　　　村（工区）　　　　山名					
	建档林班号：　　　　大班：　　　　小班：					
	林权林班号：　　　　大班：　　　　小班：					
	四至：　东　　　　南　　　　西　　　　北					
林分情况	地类或林种			年龄		起源	
	树种组成		蓄积量或株数			
	郁闭度		坡度		坡位	
森林经营类型名称			森林经营类型号			
采伐类型		更新树种		更新单位		
采伐方式		更新方式		更新面积或株数		
采伐强度		更新时间			
采伐面积			其中各小班号小班面积			

续表

采伐数量	树种	蓄积量或株数(平方米、根)	用途	出材量（立方米）			薪炭材
				计	规格材	非规格材	
	合计						
	其中	珍稀树种名称	株数	蓄积量	m³, 出材量		m³
采伐期限		自　　年　　月　　日至　　年　　月　　日止					

注：1. 由林权单位提出申请。

　　2. 附伐区调查设计文件一份，共　　张。

　　3. 申请人承诺所提交的材料真实可靠，并对材料的真实性负责。

2.林木采伐许可证由哪些机关审核发放?

国有林业企业、事业单位、机关、团体、部队、学校和其他国有企业事业单位采伐林木，由所在地县级以上林业主管部门依照有关规定审核发放采伐许可证。

铁路、公路的护路林和城镇林木的更新采伐，由有关主管部门依照有关规定审核发放采伐许可证。

农村集体经济组织采伐林木，由县级林业主管部门依照有关规定审核发放采伐许可证。

农村居民采伐自留山和个人承包集体的林木，由县级林业主管部门或者其委托的乡、镇人民政府依照有关规定审核发放采伐许可证。

3.运输木材需要哪些手续?

《森林法》规定：运输木材必须持有县级以上人民政府林业主管部门核发的木材运输证件。木材运输证件是从林区运出木材的合法凭证，木材运输证上注明树种、材种规格、起止地点、运输方式、运输有效期等内容。

4.木材运输许可证由谁颁发?

《森林法实施条例》第五章第三十五条规定，重点林区的木材运输证，由国务院林业主管部门核发；其他木材运输证，由县级以上地方人民政府林业主管部门核发。没有木材运输证的，承运单位和个人不得承运。

5.木材运输证办理有哪些条件?

1) 申请人须经县级以上林业主管部门批准具有木竹经营（加工）资格；

2）木竹来源必须合法；

3）按规定缴纳了林业规费。许可数量：凭《林木采伐许可证》办理的《木材运输证》有数量限制，《木材运输证》所准运的木材运输总量，不得超过《林木采伐许可证》上核定的商品木材采伐总量；凭其他依据转办的，只需依据合法有效，无数量限制，申请人为具有独立民事责任能力的自然人或者法人。

6.木材运输证如何办理？

木材运输证办理流程如图 9.2 所示。

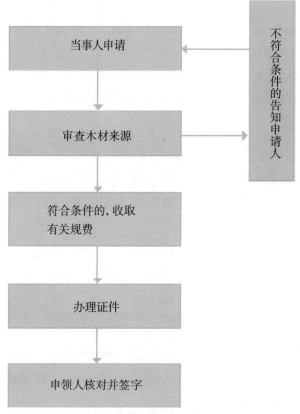

图 9.2　木材运输证办理流程

1）受理：由办证人员即时受理；

2）初审：由办证人员依法查验申请材料是否齐全、合法，决定是否受理。如不予受理的，应告知申请人不予办理的原因。

3）现场核实：需现场核实的，从受理之日起 1 ～ 2 个工作日内，由当地林业主管部门资源林政管理机构安排人员现场核实。

4）发证：初审合格、不需现场核实的，由办证人员即时发证；需现场核实的，经核实后合格的，即时发证；不合格的，不予办证，并告知申请人不予办理的原因。

7.办理木材运输证需要哪些申报资料？

1）木竹经营、加工许可证；

2）检尺码单；

3）检疫证明；

4）林业规费缴纳证明；

5）木材来源合法证明，有下列之一即可：本年度采伐商品材的《林木采伐许可证》；有效的《木材运输证》。

6）其他合法证明；

① 没收变价处理的木材，要有处罚决定书。② 农村村民在自留地、房前屋后采伐的零星树木，有当地基层林业站的证明。③ 个人搬迁携带的家具，要有单位证明、户口迁移证明或工作调动证明。④ 基建单位剩余木材。要有原购材运输证和基建单位申请，经当地林业主管部门资源林政管理机构核实的证明。⑤ 其他县林业局认可的依据。

以上材料都必须为原件，复印件无效。

8.木材加工经营许可证如何办理？

木材加工经营许可证办理流程如图 9.3 所示。

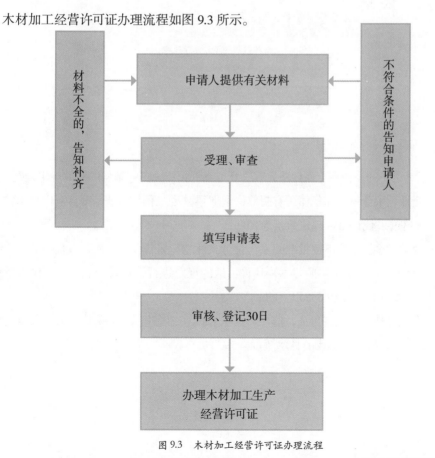

图 9.3　木材加工经营许可证办理流程

9.森林植物检疫证如何办理？

森林植物检疫证办理流程如图9.4所示。

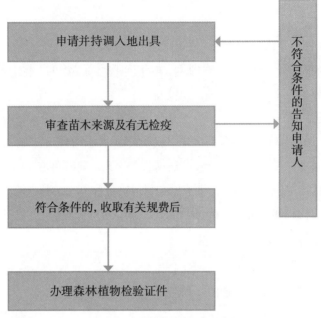

图 9.4　森林植物检疫证办理流程

9.3 处罚规定及流程

1.哪些采伐林木的行为要受到处罚？

有下列行为之一的。依照《森林法》第三十九条和森林法实施条例的有关规定处罚：

1）国有企业、事业单位和集体所有制单位未取得林木采伐许可证，擅自采伐林木的，或者年木材产量超过采伐许可证规定数量 5% 的；

2）国有企业、事业单位不按批准的采伐设计文件进行采伐作业的面积占批准的作业面积 5% 以上的；集体所有制单位按照林木采伐许可证的规定进行采伐时，不符合采伐质量要求的作业面积占批准的作业面积 5% 以上的；

3）个人未取得林木采伐许可证，擅自采伐林木的，或者违反林木采伐许可证规定的采伐数量、地点、方式、树种，采伐的林木超过 $0.5m^3$ 的。

2.违反《植物检疫条例》经营、运输林木、林产品的如何处罚?

违反《植物检疫条例》经营、运输林木、林产品的处罚流程如图9.5所示。

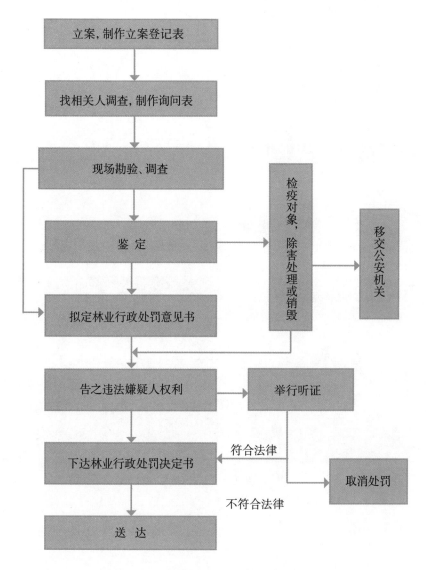

图 9.5 违反《植物检疫条例》经营、运输林木、林产品的处罚流程

3.违法运输木材如何处罚？

违法运输木材的处罚流程如图 9.6 所示。

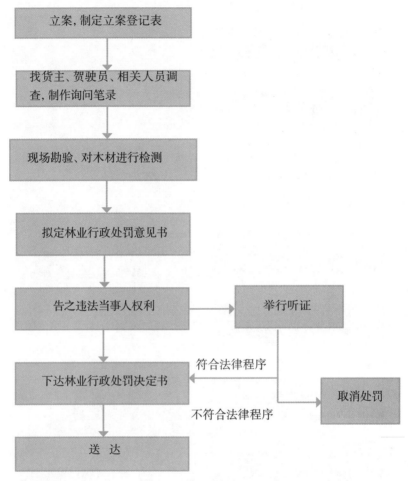

图 9.6　违法运输木材的处罚流程

4.盗伐、滥伐林木如何处罚?

盗伐、滥伐林木的处罚流程如图 9.7 所示。

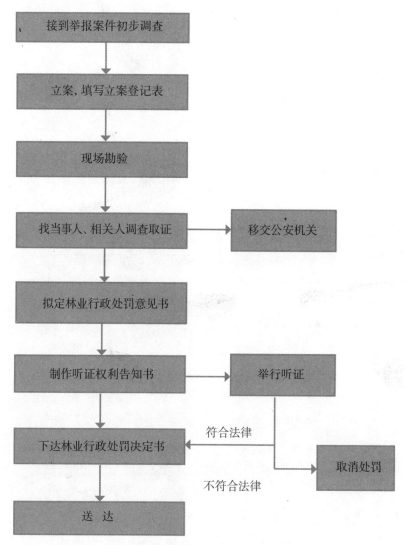

图 9.7　盗伐、滥伐林木的处罚流程

5.森林采伐相关参考资料有哪些?

1)《森林采伐作业规程》(王红春、唐小平撰写,《中国标准化》杂志 2011 年第 6 期发表);

2)《"十二五"期间年森林采伐限额编制方法与技术》(赵晨等撰写,《林业资源管理》杂志 2011 年第 4 期发表)。

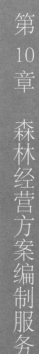

第 10 章　森林经营方案编制服务

第 10 章　森林经营方案编制服务

10.1 森林经营方案基础知识

1.什么是森林经营方案?

森林经营方案是森林经营主体为了科学、合理、有序地经营森林,充分发挥森林的生态、经济和社会效益,根据国民经济和社会发展要求,林业法律法规政策,森林资源状况及其社会、经济、自然条件编制的森林资源培育、保护和利用的中长期规划,以及对生产顺序和经营利用措施的规划设计。

森林经营方案是森林经营主体和林业主管部门经营管理森林的重要依据。编制和实施森林经营方案是一项法定性工作,森林经营主体要依据经营方案制定年度计划,组织经营活动,安排林业生产;林业主管部门要依据经营方案实施管理,监督检查森林经营活动。

2.有哪些种类的森林经营方案?

森林经营方案根据不同性质森林经营主体的差异和对应于森林经营方案标准内容与深度的不同。分为森林经营方案、简明森林经营方案和规划性质森林经营方案。非指具体者,统称森林经营方案。

1)森林经营方案:一类编案单位应依据有关规定组织编制森林经营方案;

2)简明森林经营方案:二类编案单位可在当地林业主管部门指导下组织编制简明森林经营方案;

3)规划性质森林经营方案:三类编案单位由县级林业主管部门组织编制规划性质森林经营方案。

3.哪些单位负责编制森林经营方案?

从事森林经营、管理,范围明确,产权明晰的单位或组织为森林经营方案编制单位。依据性质和规模分为以下几种编制单位。

1)一类编案单位:包括国有林业局(造林局)、国有林场(经营所)、国有森林经营公司、国有林采育场、自然保护区、森林公园等国有林经营单位。

2)二类编案单位:包括森林面积≥200hm^{2}的集体林经营(管理)组织、非公有制经营主体。

3）三类编案单位：其他集体林组织或非公有制经营主体，以县为编制单位。

4.森林经营方案一般包括哪些内容？

（1）森林经营方案

森林经营方案内容一般包括森林资源与经营评价，森林经营方针与经营目标，森林功能区划，森林分类与经营类型，森林经营，非木质资源经营，森林健康与保护，森林经营基础设施建设与维护，投资概算与效益分析，森林经营的生态与社会影响评估，方案实施的保障措施等。

（2）简明森林经营方案

简明森林经营方案的主要内容包括：基本情况，森林资源现状，经营总体规划（经营决策），森林经营设计，森林采伐利用设计，多种经营设计，经济分析和综合评价等。

（3）规划性质森林经营方案

规划性质森林经营方案内容主要包括：经营方针、原则、目标和措施，林业区划与森林经营单位组织，森林经营设计，森林保护设计，森林采伐设计，多种经营与综合利用设计，基本建设规划，费用估算和经济效益分析。

10.2 森林经营方案编制实务

1.森林经营方案编制的主要程序是什么？

1）编案准备：包括组织准备，基础资料收集及编案相关调查，确定技术经济指标，编写工作方案和技术方案；

2）系统评价：对上一经理期森林经营方案执行情况进行总结，对本经理期的经营环境、森林资源现状、经营需求趋势和经营管理要求等方面进行系统分析，明确经营目标、编案深度与广度及重点内容，以及森林经营方案需要解决的主要问题；

3）经营决策：在系统分析的基础上，分别不同侧重点提出若干备选方案，对每个备选方案进行投入产出分析、生态与社会影响评估，选出最佳方案；

4）公众参与：广泛征求管理部门、经营单位和其他利益相关者的意见，以适当调整后的最佳方案作为规划设计的依据；

5）规划设计：在最佳方案控制下，进行各项森林经营规划设计，编写方案文本；

6）评审修改：按照森林经营方案管理的相关要求进行成果送审，并根据评审意见进行修改、定稿。

2.森林经营方案编制的内容和要求是什么？

森林经营方案编制深度依据编案单位类型、经营性质与经营目标确定。

森林经营方案应将经理期内前 3 ～ 5 年的森林经营任务和指标按经营类型分解到年度。并挑选适宜的作业小班；后期经营规划指标分解到年度。在方案实施时按 2 ～ 3 年为一个时段滚动落实到作业小班。

简明森林经营方案应将森林采伐和更新等任务分解到年度，规划到作业小班，其他经营规划任务落实到年度。

规划性质经营方案应将森林经营规划任务和指标按经营类型落实到年度，并明确主要经营措施。

3.森林区划与组织森林经营类型是什么？

一、三类编案单位应按照《全国森林资源经营管理分区施策导则》的要求，以区域为单元进行森林功能区划。包括森林集水区区划、生态景观区划、生物多样性保护区划、野生植物保护区划、野生动物保护区划、人文遗产保护区划、森林游憩区划、森林火险区划、有害生物防控区划等。具有下列一种或多种属性的高保护价值区域应优先区划出来。

1）在全球或国家水平上，具有重要保护价值的生物多样性（如地方特有种、濒危种、残遗种）显著富集的区域；

2）在全球或国家水平上，具有重要保护意义的主要物种仍基本保持自然分布格局的大片森林景观区域；

3）珍稀、受威胁或濒危生态系统区域；

4）提供生态服务功能（如集水区保护、土壤侵蚀控制）的区域；

5）满足当地社区生存、健康等基本需求的区域；

6）对当地社区的传统文化特性具有重要意义的区域。

编案单位应以小班为单元，按照森林分类经营的要求进行公益林和商品林区划。国家重点公益林按照《重点公益林区划界定办法》的要求划定；一般公益林和商品林原则上根据国家、地方相关规定和规划以及经营者意愿划定。

编案单位在功能区划和森林分类的基础上，以小班为单元组织森林经营类型。综合考虑生态区位及其重要性、林权、经营目标一致性等因素，将经营目的、经营周期、经营管理水平、立地质量和技术特征相同或相似的小班组成一类经营类型，作为基本规划设计单元。

4.森林经营规划设计有哪些要求？

1）公益林经营规划设计依据有关法律法规和政策，结合经营单位公益林保护与管理实施方案等进行。

①根据森林功能区经营目标的不同分别确定经营技术与培育、管护措施，维持和提高公益林的保护价值和生态功能；

　　② 依据《全国森林资源经营管理分区施策导则》，明确编案单位内严格保护、重点保护和保护经营三种经营管理类型组的经营对象和经营管护措施，设计经营技术指标和管理目标体系；

　　③ 依照生态公益林建设的系列技术标准，规划设计公益林的造林、抚育和更新改造等任务；

　　④ 重点公益林区的更新造林，应充分利用自然力进行生态修复。人工林应采取保护天然幼树、幼苗等措施，增强自然属性。重点保护类型组和保护经营类型组的重点公益林可以限量规划抚育间伐、低效林改造和更新采伐。引进乡土珍贵树种，提高公益林的经济产出潜力；

　　⑤ 公益林管护应结合实际，因地制宜，采取集中管护、分片承包或个人自护等方式，制订管护方案，落实管护责任。

　　2）商品林经营应以市场为导向，在确保生态安全前提下以追求经济效益最大化为目标，充分利用林地资源，实行定向培育、集约经营。

　　① 根据立地质量评价、森林结构调整目标、市场需求与风险分析，以及森林资源经济评估成果等，综合确定商品林经营类型的培育任务；

　　② 分别更新造林、抚育间伐、低产林改造 3 种主要经营措施类型组进行规划设计。培育任务按林种—森林经营类型—经营措施类型（组）进行组织，各项规划任务落实到每个森林经营类型；

　　③ 经济林规划应根据种植传统，因地制宜地选择果树林、食用原料林、林化工业原料林、药用林或其他经济林。根据市场需求、土地资源、产品质量、经营加工能力、储存能力及运输条件、名牌效应等因素确定经济林发展规模。按照名、特、优、新的原则，选择优先发展的产业；

　　④ 生物质能源林经营可分为木质能源林和油料能源林两种类型。木质能源林经营应重点考虑当地居民的生活能源需求和当地生物质电能源生产的原料需求，选择高燃烧值的树种，规划经营规模。油料能源林经营应充分考虑就近加工的条件和能力，因地制宜地选择具有商业开发价值的树种，规划培育基地规模。

　　3）森林采伐贯穿于森林经营的全过程，是森林培育和结构调整的重要手段。森林采伐量应依据功能区划和森林分类成果，分别主伐、抚育间伐、更新、低产（低效）林改造等，结合森林经营规划，采用系统分析、最优决策等方法进行测算，确定森林合理年采伐量和木材年产量。

　　① 森林采伐应重点考虑建设和培育稳定、健康与高效的森林生态系统，提升森林资源的保护价值和持续提供物质、生态、文化产品的能力；

　　② 按照《森林采伐作业规程》等标准，建立以生态采伐为核心的经营管理体系，有条件

的区域应推行梯度经营，将森林采伐对生态环境的影响减少到最小程度；

③ 森林采伐应有利于调整和优化森林结构，稳定木材产量，保护生物多样性与水土资源，维持森林的碳汇平衡，满足利益相关者的经营目的；

④ 采伐量测算应以小班为单元，进行时间和空间分析，确保森林采伐量具有科学性和可操作性。

4）更新造林和森林采伐的工艺设计应充分考虑下列条件：

① 在溪流、水体、沼泽、冲积沟、受保护的山脊或廊道等易发生水土流失的区域应设置一定宽度的缓冲带（区）；

② 尽量减少用于作业的林道、楞场和集材道；

③ 适当增加小流域、沟系、山体的景观异质性，特别是不同年龄、不同群落的森林合理配置，为野生动植物提供多样的栖息环境，为控制林业有害生物和森林火灾提供有利条件；

④ 合理设置作业区域和作业面积，保证野生动植物生存繁衍所需的生态单元和生物通道；

⑤ 合理确定造林与采伐方式，确保生态景观敏感区域不受严重影响；

⑥ 优先安排受灾林木、工业原料林、人工林的采伐和造林更新。

5）根据森林经营任务和种子园、母树林、苗圃和采穗圃状况，测算种子、苗木的实际需求和供应能力，规划安排种苗生产任务。应创造条件建立以乡土树种为主的良种繁育基地，提倡新技术、新品种的应用。

5. 非木制资源经营如何规划？

非木质资源经营规划应以现有成熟技术为依托，以市场为导向，规划利用方式、强度、产品种类和规模。在严格保护和合理利用野生资源的同时，积极发展非木质资源的人工定向培育。

6.什么是森林游憩？如何规划？

森林游憩是指人们以森林景观资源和森林环境为对象，开展生态性、知识性旅游和休闲活动的总称，是一种整体利用森林生态系统的经营方式。

森林游憩规划可按照功能区或旅游地类型进行，充分利用林区多种自然景观和人文景观资源，开展以森林生态系统为依托的游憩活动。规划应因地制宜地确定环境容量和开发规模，科学设计景区、景点和游憩项目。

10.3 森林经营方案论证、监测与评估

1.森林经营方案如何论证? 如何审批和备案?

(1) 森林经营方案论证的组织

编制的森林经营方案由编案单位的上级林业主管部门组织论证。

1) 论证由审批森林经营方案的县 (市、区) 以上林业主管部门指定的专业委员会或特邀专家组成的专家小组执行, 可采用论证会或函审的方式;

2) 论证人员由专业技术专家、管理者代表、森林经营主体代表、相关部门和相关利益代表等组成。

(2) 森林经营方案的分级、审批和备案制度

一类编案单位、二类编案单位的森林经营方案由所在县 (市、区) 林业主管部门或编案单位的上级林业主管部门审批并备案; 三类编案单位的森林经营方案由市 (州) 林业主管部门审批并备案。

2.森林经营方案怎样实施、监测、评估与调整?

编案单位为森林经营方案的实施主体, 应严格按照森林经营方案规划设计的各项任务和年度安排制定年度计划, 编制作业设计, 组织并开展各项经营活动。

森林经营单位应建立森林经营成效监测体系, 监测森林经营方案执行情况, 依据年度计划和有关标准、规定, 验收经营作业成果。

森林经营单位应根据监测结果和相关森林可持续经营标准与指标体系, 定期评价森林经营方案实施效果, 评估森林可持续经营状况, 鼓励由社会第三方进行森林可持续经营认证。

森林经营单位可在经理期内依据监测、评估结果对森林经营方案进行适当调整。其中对经营目标、森林分类区划、采伐利用规划等内容进行重大调整时, 应报原森林经营方案批准单位重新批复。

3.森林经营方案的管理、监督与保障措施有哪些?

各级林业主管部门应切实加强森林经营方案编制与实施的管理, 定期对编案单位实施森林经营方案的情况和效果进行监督检查。

森林经营方案是编制森林采伐限额的主要依据。各级林业主管部门应将森林经营方案作为编制森林采伐限额、下达年度木材生产计划的重要依据, 原则上森林采伐限额和木材生产计划按依法批准的森林经营方案确定。

各地编制各项与森林经营有关的规划、工程项目和投资计划时, 应充分考虑森林经营方案设计的森林经营目标和主要规划内容。通过完善法律法规、政策规范, 逐步确立森林经营

方案的法律地位和权威性,理顺森林经营的利益分配关系,促进森林经营方案编制和实施法制化、规范化和科学化。

4.森林经营方案编制参考书籍有哪些?

1)《简明森林经营方案编制技术规程》(LY/T 2008—2012);

2)《森林经营方案编制与实施纲要(试行)》。

第11章 其他服务

第 11 章 其他服务

11.1 林业科技推广服务

1.有哪些典型的科技推广单位?

各州市、县、区林业科研及技术推广单位,厅属各有关单位,有关院校及企业。

2.有哪些主要的林业科技推广项目?

1)林木良种类。重点推广用材林优良品种、生态抗逆性植物优良品种、木本粮油等经济林(花卉)优良品种和优质苗木繁育及高效丰产栽培技术等。

2)生态修复类。重点推广优良生态树种繁育及抗旱造林、石漠化治理、防沙固沙、森林经营、困难立地造林等技术。

3)林下经济类。重点推广林药、林菌等非木质资源高效培育及加工利用等技术。

4)灾害防控类。重点推广发生面积广、危害大的主要林业有害生物防治、森林防火林带营建、森林火灾监测预报预警系统及林火信息化管理等技术。

5)标准化类(林业标准化示范区)。重点支持以核桃为主的木本油料标准化示范区(基地)建设,具有一定规模、能够按系列标准组织生产和管理,并辐射带动周边地区标准化生产的区域或基地。

3.林业科技与交流合作处有哪些职能?

拟订林业科技发展规划并组织实施;组织开展林业科学研究、技术开发和推广、科技成果转化工作;承担林业标准化、林业技术监督、林产品质量监督、林业知识产权保护、林业科技体系建等工作;开展林业对外交流与合作。

11.2 林业中介组织服务

1.什么是林业中介组织

中介组织是社会分工的产物,它随着社会分工的深化而不断演进,其发展又促进了社会分工进一步深化。林业中介组织的概念可以界定为以营利为目的,以市场规则进行运作,介于政府与市场主体企业之间，商品的生产者与经营者之间，不直接从事林业生产原材料及林产品交易，而是按照一定的法律、法规、规章或根据政府委托，遵循独立、公平和公正的原则，凭借其特有的社会服务功能、沟通功能、公正鉴定和监督管理等功能，沟通政府与林业企业之间，林业企业与林业企业之间的信息，协调双方的利益，评估资产等，为林业产业相关各主体（包括政府、林业企业）提供各种有偿服务的社会自律性组织。

林业中介组织以追求一定的经济效果作为其生存和发展的目标，具有显著的营利性，在市场中有明确的服务对象，有相应的价格并向服务对象收取一定的费用。因此，林业中介组织一定程度上具备厂商的本质特征，在运行过程中不直接从事物质产品的生产和经营活动，而是为交易活动提供服务，协调交易各方的关系，减少交易中的摩擦，降低交易费用。它在直接的生产经营活动者及作为消费者的个人之间充当中介服务者的角色，通过提供中介服务取得报酬，获得自身生存和发展的物质基础。

2.林业中介组织有哪些职能？

林业中介组织的职能从大的方面可将其功能分为服务、沟通和监督；以单个企业的角度来看，市场经济中的相关主体可以认为是林业企业自身、政府和市场三者；而从整个市场的角度来看，每一单个的企业个体也是整个市场的组成成分。因此，这三者又可以分为两个层次：政府层次和市场层次。由此可以构建一个包含政府、林业企业个体和市场的三主体两层次的林业中介组织职能模型。

林业中介组织的职能模型中介组织的功能主要包括两个方面。 一是社会中介功能。在政府——市场维度中，中介组织介于政府与市场、政府与企业之间起到沟通政府与经济主体之间的信息，协调双方利益的作用，构成了政府——中介组织——市场的互动体系。二是市场中介功能。在企业——市场维度中，中介组织介于市场和企业、企业与企业之间，起到服务、沟通、公正鉴定和监督管理的作用，把产业链上的各环节联系成为一个紧密的整体。

从管理角度看，这一体系意味着政府对林业市场的宏观调控过程需要经过林业中介组织的中转。政府调控的对象是各类林业市场参数，林业中介组织则是各类市场参数的直接感受者和反应者，通过市场直接着力进行调控。市场依据中介组织的反应与传导调整微观经济活动，其作用方式可概括为"政府——林业中介组织——林业市场"。

从企业的角度看，林业企业感受到的市场信息要通过林业中介组织的解释和传导。林业中介组织通过专门部门和专业渠道收集市场信息，并应用自身的专业知识把市场传递的凌乱模糊的信息经过整理传递到林业企业。林业企业依据林业中介组织传递的信息调整经营决策，这种作用方式可以概括为"市场——林业中介组织——林业企业"。政府对市场的宏观调控作用的结果需要进行反向的传递，以使政府了解宏观调控的结果并依据这个结果进行政策调整和新政策的制定；市场机制对企业引导的结果也需要向市场进行反馈，反作用于市场。影响市场作出相应的变动，从而达到市场与企业的良性互动。在这个模型中，上述两类信息反向传导的过程中都有中介组织参与。林业中介组织利用自身优势，及时收集市场信息并向政府反馈，及时收集林业企业的信息向市场传导，市场作出相应的调整。

3.林业中介组织有哪些功能作用？

在"政府——林业中介组织——市场"层次，政府对市场的宏观调控过程需要经过"林业中介组织"的中转。其中，市场是调控的直接着力点，调控的对象是各类市场参数，而林业中介组织则是各类市场参数的直接感受者和反应者。这一社会层次意味着林业中介组织在很大程度上对政府进行替代。也就是相当一部分由政府调节的环节或行为被纳入到社会中介组织的功能范围内，从而使得社会中介组织的作用凸显出来。

在这一维度中，林业中介组织的功能是：

1）林业中介组织沟通政府与企业，协调联络双方的关系。林业中介组织具有沟通协调的功能，一方面他们同政府及其职能部门保持密切联系，对宏观方面的方针政策有比较深入的了解和研究；另一方面，他们与微观层面不同利益主体交往甚密，对来自企业的要求比较了解。在"政府——林业中介组织——市场"的互动关系中，林业中介组织也可以通过制度化途径，拒绝政府不适当的干预行为，增强市场主体在权力和利益格局变动中的谈判能力。

2）林业中介组织规范市场秩序，促进市场形成自律约束体系。社会中介组织依据一定的法律法规，针对当事人经济往来中所涉及的大量权利、义务关系来实施社会化服务，从而促进市场形成自律型约束体系。通过林业中介组织内部组织机制的运行，规范其成员的行为，实现其团体内的秩序，并使团体内秩序与法律秩序相协调、相补充；规范当事人的经济行为，保护其合法权益，强化对市场的社会化监督，与市场调节相辅相成。

3）林业中介组织承担部分政府职能。促进政府职能的转变。在遵守法律的前提下，林业中介组织通过表达团体意志，在一定程度上可以制衡政府部门的不当干预和侵权。尤其是在政府制定政策和法律时，就其可能影响协会及其成员利益的程度范围内，提出团体的利益诉求。同时，政府还可以把经济活动中的社会服务性和一部分执行性、操作性职能转移给中介组织。由林业中介组织承担政府一部分社会、经济职能，可以使政府从繁杂的微观管理事务中解脱出来，集中精力抓好宏观管理。

对于林业中介组织的界定，有助于填补林业服务体系的理论空白。在实践方面，林业中介组织的构建和发展，以市场角度来看，我国现行的市场经济体制是以市场作为实现资源优化配置基本取向的经济体制和运行机制。因此，要发展社会主义市场经济，就必须大力推进市场体系的建设，而中介组织恰恰具有完善市场体系的关键功能。林业中介组织连接沟通产业链的各环节，使交易活动顺畅进行，林业中介组织协调资源配置，使市场经济运行中的资源配置更加有效。林业中介组织功能的发挥不局限于某一个层次，而是面对全社会的经济政治主体，为政府和企业进行信息咨询、提供公共产品等各种服务。

第12章 林业社会服务案例

第 12 章　林业社会服务案例

12.1 合作组织案例

12.1.1 龙泉兴起"林保姆"

龙泉市位于浙江省西南部浙闽边境，是浙江省最大的林区县级市。全市土地总面积 456 万亩，其中林业用地 398.5 万亩，森林覆盖率为 84.2%，2006 年，龙泉市委提出"以林富农"发展战略，以产业培育为重点，全面实施以林富农工程，全面深化集体林权制度改革。

龙泉市在深化集体林权制度改革过程中，大胆探索，组建了林权管理中心、林权交易中心、森林资源收储中心和森林资源资产评估中心等林权服务平台，制订了森林资源流转、林权抵押贷款、林权变更登记等方面的规章制度和操作规程，出台了多项鼓励社会力量办林业的扶持政策。林权服务机构的搭建与鼓励政策的出台，激活了各种生产要素向林业集聚，激发了开发商和当地有实力的农民开办山林托管业务的念头。于是，被当地人称之为"林保姆"的山林托管专业户便应运而生。到 2008 年底，全市已涌现出以托管山林为主的"林保姆"281 家。概括起来，大体有以下四种形式。

一是专业大户型。委托专业大户管理或组建乡村林场，由营林大户（林场）负责管理山林，农户与专业大户（林场）的收益按比例分成。目前，全市委托管理的农户达 4340 户，托管面积 26 万亩。该模式解决了外出经商、下山脱贫农户山林失管问题，并通过加强林木管理实现了资源增值。

二是股份式企业型。由农户或集体出土地，企业出资金，山权不变、林权共有、企业管理、按股分红。到 2008 年底，全市依靠民营资本发展起来的股份企业形式的保姆型林业基地已达 16.5 万亩。

三是农民联合合作型。在农村家庭承包经营基础上，同类林产品的生产经营者或者生产经营服务的提供者、利用者，自愿联合、民主管理，共同组建风险共担、利益均沾的互助性合作经济组织。目前，全市共建立林业专业合作社 25 家，社员近 1200 人，带动林农 5.1 万人，连接基地 17.3 万亩，资产总额近 2000 万元。

四是租赁式农业综合开发型。开发商以租赁林地经营的方式进行"种养加一体化、产供销一条龙"的农业产业化开发经营。目前，全市租赁式农业综合开发型基地达到 56 家，基地面积达到 4.2 万亩。

"林保姆"现象的出现，带来了许多意想不到的效果。一是有利于林业资源和社会劳动力资源的优化配置。从龙泉市"林保姆"经营管理情况看，具有很强的对林业资源和劳动力资源进行市场调节配置的作用。二是有利于林业规模化与集约化经营。森林、林木、林地流转后，把原来分散在千家万户的山林集中到流入方，为流入方进行林业规模经营和集约经营创造了有利条件。三是有利于森林资源保护。一方面，有效克服了山林承包到户造成林权过于分散的弊端，减少了乱砍滥伐的隐患；另一方面，由于流转后使山林能连片开发、集中管理，便于森林资源的管护组织和措施落实。四是有利于促进社会稳定。森林通过委托经营管理后，在一定程度上减少了农户间的山林纠纷，消除了社会不安定因素，维护了社会的和谐稳定。

12.1.2 合作社架起果农增收的"金桥"

奉贤区位于上海西南，生态区位重要，是上海水果的主产区。全区拥有林地面积 14.2 万亩。森林覆盖率为 13.2%。近年来，区委、区政府以发展合作经济，提升经济林产品市场竞争力为突破口，充分发挥林果专业合作社的作用，推动了全区林果种植规模的扩大和品种结构的优化，形成了东部蜜桃、南部葡萄、西部蜜梨、北部柑橘、中部黄桃等为主的特色布局。2009 年，全区果品总产量近 6 万吨。总产值 3.3 亿元，平均亩产 1437 公斤，亩均产值达 8008 元。林果专业合作社，为林业社会化服务体系建设积累了经验，成为该区经济林产业增效、果农增收的一条成功之路。

1. 林果专业合作社应运而生，模式多样

在 20 世纪 90 年代，该区林果业生产理念仍较落后，农民普遍采取以"提篮小卖"为主的分散生产、分散经营模式。这种千家万户的生产方式和单打独斗的销售方式，导致生产技术落后、品种改良滞后、市场销售困难、抗风险能力不强等一系列矛盾，存在着自然、市场和技术等多重风险。成为农民的一块心病。

从那时起，该区就开始探索农民合作经济组织，先后经历了农村经纪人、农产品专业协会和农民专业合作社 3 个阶段。2004 年，该区创建了第一批农民专业合作社。目前，全区共组建了 280 个农民专业合作社，经营范围涉及种植、养殖、加工、流通、科研等领域，无论在数量上还是在质量上都位于上海市前列。其中，林果专业合作社就有 26 家，生产经营桃、梨、葡萄、柑橘、枣、柿子、枇杷 7 个大类的 68 个品种，合作社拥有果树种植面积 15674 亩，占全区果树种植面积的 33%；入社社员 5287 户，带动周边果农 16051 户，合作

社成员户均果业纯收入达到 2.4 万元。

该区林果专业合作社主要有 4 种模式：①"合作社 + 龙头企业 + 基地 + 农户"模式，其特点是生产计划性强，标准化程度和保鲜加工程度高，产品销售及价格有保障，辐射带动作用明显；②"合作社 + 基地 + 农户"模式。其特点是产品生产有计划，产品有销路，生产技术统一，规模优势明显；③"合作社 + 科技人员 + 农户"模式。其特点是生产技术先进，信息服务和技术服务到位，生产科技含量高；④"合作社 + 农户"模式。其特点是把分散的农户组织起来，提高了组织化程度。

2. 林果专业合作社作用独特。成效显著

该区林果专业合作社为林果业发展作出了重要贡献，为农民带来了实实在在的利益，被农民群众亲切地称为"增收金桥"。其重要作用集中体现在：一是发挥技术优势，攻克生产难题。该区林果专业合作社以"田头研究所""田头学校"为平台，对农民开展产前、产中、产后的技术服务。2005 年以前，庄行镇是以晚熟品种黄花梨为主导，早熟蜜梨仅占不到 2 成，2005 年的一场台风，使黄花梨颗粒无收。合作社率先进行蜜梨"高接换种"试验，果品品质明显提高，深受市民青睐，价格翻了一番多。周边农民纷纷要求嫁接新品种，合作社趁热打铁举办了多场技术培训，在合作社"田头学校"和"田头研究所"的技术推广和引领示范下，庄行地区蜜梨早晚熟品种比例调整到了 8：2，亩产值由不足 4000 元提高到 8000 元以上。二是发挥桥梁作用，降低生产成本。加入了合作社的农民，可以享受到农资团购、贷款贴息、果园基础设施建设等扶持政策，增加了周转资金，降低了生产成本，得到了实实在在的利益。林果合作社每年为入社农户统一购买高效低毒生物农药 60t，专用果品袋 9926 万只，商品有机肥 13182t。2009 年，帮助农户获得贷款 1500 万元，政府给予 90% 的贴息。三是完善服务体系，拓展果品市场。林果专业合作社把分散经营的农户联合起来，采取"抱团式"营销方式，切实帮助林果农解决了"卖难"问题，同时也为农民提供了一系列技术指导和技术服务。一抓统一技术规程。合作社为农民提供了"黄桃、油桃、蜜梨、葡萄"等栽培技术操作规程。二抓质量安全。建立果树"田间档案"，保证果品品质和食用安全。三抓果品认证。全区已完成无公害产地认证近 5000 亩，有 400 亩拿到绿色食品认证，注册果品品牌 13 个，有 2 个品牌被评为上海市著名商标。四抓市场销售。建成黄桃、蜜梨、水蜜桃等大型交易市场，在大型社区和商业区附近设立"田头超市"，合作社还建立了果品网上销售网络。五抓果品宣传。每年举办果品品尝会、推介会、擂台赛，参加国家或市级比赛和博览会，获得了一批奖项。

"建一个组织，兴一项产业，活一方经济，富一批农民"。该区林果专业合作社的发展不仅推动了林果业自身的发展，也带动林农走上了致富之路。庄行镇蜜梨种植户王老伯激动地说："有了合作社。我心里踏实多了。今年的亩产值比从前足足翻了一番，我还盼着亩产值过万呢！"如今，农民专业合作社已经成为该区建设现代林业、发展农村经济、增加农民收入的重要载体，成为广大农民克服多重风险的有力武器。

12.2 林地流转实践案例

12.2.1 林权流转让赤城万顷荒山活起来

河北省赤城县茨营子乡千松台村 80 户均股农户，前些日子把 1300 亩现有林以 35 万元转包给本村的王孝凯。村民们和"王大户"签订了这样一份合同："王孝凯在经营管护林坡用工上，必须优先在 80 户农户中产生，每人日工资 30 元"。

像王孝凯这样的承包大户利用其他产业挣来的钱，发展林业建"绿色银行"，让"百年沉睡"的林地最大限度地产生价值，发挥林地资源最大效益的，在赤城还有不少。

赤城是张家口市的林业大县，北依坝上草原，南邻首都北京，是河北省第四面积大县。县域范围内山多地少，素有"八山一水一分田"之称。境内辖 18 个乡镇、440 个行政村，29.2 万人。全县总面积 791 万亩，其中林业用地面积 624 万亩，占全县面积的 78.89%，有林地面积 350.3 万亩，森林覆盖率 44.28%，有林地面积位居张家口市各县（区）之首，是北京重要生态屏障和饮用水源地，是全国首批绿色小康县之一。

2007 年以来，赤城紧紧围绕"发动群众、依靠群众、服务群众、致富群众"的工作方针。紧密结合实际，扎实推进集体林权制度改革。在具体实施中，始终坚持家庭承包经营的基本方向，坚持"农民得实惠，生态受保护"的基本原则，确保了全县林改工作顺利完成。

全县列入林改范围的 509 万亩集体林地，落实到 6.3 万户，全部完成明晰产权任务。其中，均山 322.1 万亩，占 63.3%；均股 125.3 万亩，占 24.6%；均利 61.6 万亩，占 12.1%。发放林权证 50155 本，发证面积 298.2 万亩。

为进一步深化集体林权制度改革，赤城县在 2009 年 12 月成立了全省第一家有编制、手续齐全的林权流转服务中心，这对盘活林地林木资源，实现林地林木规范流转，让农民手中的"产权"变成"活钱"，起到积极的推动作用。

林权流转，形成了国家、集体、企业、个人多元化投资林业的格局。目前，社会各界民营投资 2500 多万元，治理荒山 46.4 万亩。东卯镇李家湾村的村民李江成，从 120 户承包荒山的农户中以每亩 100 元转包林地 1.5 万亩，在国家投资造林的基础上自己又投资 105 万元治理所承包的荒山，现在已初见成效。后城镇长伸地村韩凤强从 36 户承包山杏林的农户中以每亩 200 元转包，投入 800 万元修路、改水，使荒山变为采摘园，成为"花果山"。

流转大户杨春芳用开矿挣的 100 万元在大海陀乡饮马沟村转包林地 3436 亩，她雇用两名护林员，常年管护，经营抚育，把抚育的树枝供给当地农民做烧柴。管护禁牧后让农民采摘松蘑，可收入 6 万元，户均收入 3000 元。杨春芳本人在外地承揽绿化工程，运用自己转包的林地,经批准抚育采挖油松大苗,完成工程任务。这样抚育一株椽材的油松当地只能卖25元,而变成挖取油松大苗(3～4m),一株350元,工程用苗价格是卖椽材的14倍,流转后真正实现了森林资源"越转越多、越转越好、青山常在、永续利用"的目标,达到了"绿利双赢"的目的。

迄今为止,赤城县坚持"自愿、依法、有偿"的原则。共计流转林地53万亩,流转金额1亿元,涉及18个乡镇、42个村、1210户。

12.2.2 湖南双牌:林权流转于山,林改藏富于民

自2008年集体林权制度改革以来,双牌县委、县政府搭建土地流转服务平台,出台惠民便民的林地流转政策,扶持林业大户、林业合作组织、家庭林场等新型林业经营主体发展。全县5年内流转林地35万余亩,流转林地抵押10万余亩,林权抵押贷款2.6亿元。林地流转中涌现造林大户、家庭林场、林业合作组织108个,年造林3.6万亩,约占全县造林总面积的42%。通过林地流转,转出了全县生态、经济、民生的和谐发展。

在组织保障方面,成立了由县长任组长的土地流转工作领导小组,包括县林业局、财政局、发改委等17个成员单位。县财政每年安排200万元左右的资金作为农村土地承包经营权流转管理经费。林地流转1000亩的大户,县有关部门对农业综合开发、农业产业化、扶贫开发、农村能源及"一事一议"奖励资金等项目给予重点倾斜。林地流转后,连片规模造林者,优先安排中央造林和抚育补贴资金,以及林区道路建设和森林防火设施项目、世行造林、林业贷款贴息等配套项目。

在信贷扶持方面,比照县级以上龙头企业相关政策,支持林地流转大户采用土地使用抵押、地上附着物产品抵押、仓单质押、联保担保等形式办理贷款手续,提供信贷支持;金融机构对实力强、信誉好的林业规模经营主体给予一定的信贷授信额度。县政府出资6000万元设立农林担保公司,为林业大户、家庭林场、林业专业合作社等经营主体担保,切实解决贷款难、融资难问题。同时建立完善林业保险体系和经营机制,实行商品林保险和公益林保险相结合,简化理赔程序和手续。

在制度建立方面,全县积极培育林地流转市场,建立县、乡、村三级林地林木产权交易平台和网络,并统一纳入全县公共资源交易平台。县林业局积极做好林地流转工作的政策制定和业务指导,成立了以森林资源评估中心、林权流转交易中心、林改办、局调纠办为组成部门的林地流转工作组,各职能部门分工合作健全林地流转服务体系,建立林地流转收益保值增值机制。以出租方式流转林地主要采取物件计价、货币兑现方式支付租金,具体分红由双方自行确定,并报县乡两级服务中心备案;建立林地招拍挂体系,对集中连片流转林地公开招标。

在风险评估方面，双牌县建立林地流转风险防范机制，引导流出方和流入方签订全省统一规范的林地流转合同，并根据林地类型，加强林地流转的资格审查。对林地流转风险进行分析、评价和预测，及时发布风险警报。建立林地流转矛盾调处机制。按照《农村土地承包经营纠纷调解仲裁法》，县政府成立县级土地承包仲裁委员会，设立仲裁庭。乡镇设立调解室，村级设立调解小组。土地流转仲裁不收费，工作经费纳入财政预算。

双牌县政府以农村综合考核措施推动林地流转，今年土地流动工作考核时独占 10 分，比计划生育、综治维稳的分值还要高。县政府还制定奖励标准，设立林业发展贡献奖项。2014 年全县林地流转奖金 200 万元，其中 100 万用于林地流转的平台建设和乡镇局业绩考核，100 万元用于奖励集体经济组织、家庭林场、专业合作社、种养大户等林地流转的出入方。

为大力推进林地流转后续利用，实现资源转化为资本，资本转化为资金，资金用于扩大再生产和林业第二、三产业投资，需要拓宽融资渠道。相关企业积极与县金融部门沟通协商，消除金融机构对标的物监管失控的后顾之忧，放心大胆地开展林权抵押借贷业务。同时，全县充分发挥产业协会、社团职能，县林业产业协会为企业和林农提供政策咨询、法律维权、技能培训、金融服务、项目扶持等服务。

12.3 林业融资案例

12.3.1 浙江丽水林权抵押贷款好做法

丽水地处浙江省西南部，是典型的南方集体林区和浙江重点林区。丽水市下辖 1 区 1 市 7 县，全市土地总面积 173 万公顷，其中有林业用地面积 146.24 万公顷，林木蓄积量 5899.78 万 m^3，森林覆盖率 80.79%，林木绿化率 81.62%。全市有集体林 136.7 万公顷，占林业用地的 93.5%。自 2007 年 4 月发放第一林权抵押贷款以来，到 2009 年 7 月全市共发放小额林权抵押贷款 12428 户、金额 5.33 亿元，实现了"活树变活钱、叶子变票子、青山变'银行'"，推动了丽水百万林农创业发展。

1. 贷款模式

1）林农小额循环贷款模式。主要面向千家万户的林农，结合信用村、信用户创建工作，由银行根据林农的个人信誉、生产经营状况以及其所有的森林资源情况对其进行信用等级评定，按信用等级给予贷款额度，并一次性办理林权抵押登记手续后发给林农贷款证以办理贷款。林农小额循环贷款采取"集中评定、一次登记、随用随贷、余额控制、周转使用"的管理办法，简化贷款手续。

2）林权直接抵押贷款模式。主要是对森林资源好、权属清晰、变现容易的林权，推行直接向银行抵押贷款，以解决林业企业和生产经营大户的大额资金需求。

3）担保贷款模式。由森林资源收储中心（担保公司或其他组织）为借款人提供担保，借款人以林权向收储中心（担保公司或其他组织）提供反担保，重点解决政府扶持的林业龙头企业、专业合作社和林业专业户在产业化初期的融资需求。

2.贷款程序

1）林农小额循环贷款。个人申请→银行（信用社）对林农进行信用等级评定，按信用等级核定相应的贷款限额→填写《林权抵押登记申请表》，林权登记机关到现场集中办理林权抵押登记手续：林权登记机关在林权抵押贷款林权证相应宗地号的注记栏内签盖林权抵押贷款专用章；并出具《林权担保抵押登记证明书》→银行贷款。

2）林权直接抵押贷款：个人申请，银行同意→中介评估机构对其森林资源资产进行评估出具评估报告→抵押人与银行签订《贷款合同》→办理林权抵押登记手续：填写林权抵押登记申请书；林权登记机关在林权抵押贷款的林权证相应宗地号的注记栏内签盖林权抵押贷款登记专用章；林权登记机关出具《林权抵押登记证明书》→银行放贷。

3）担保贷款。个人申请，担保公司和银行同意→中介评估机构对其森林资源资产进行评估并出具评估报告→担保公司签订担保合同→办理林权登记手续：填写林权抵押登记申请书；林权登记机关在林权抵押贷款的林权证相应宗地号的注记栏内签盖林权抵押贷款登记专用章；林权登记机关出具《林权抵押登记证明书》→银行放贷。

3.贷款利率

中国人民银行、国家林业局、财政部、银监会、保监会《关于做好集体林权制度改革与林业发展金融服务工作的指导意见》（银发[2009]170号）规定：对小额信用贷款、农户联保贷款等小额林农贷款业务，借款人实际承担的利率负担原则上不超过基准利率的1.3倍。该市目前开展林权抵押贷款业务的有农村信用联社、农业银行、农业发展银行等，在贷款利率的设定上，各金融机构根据自身情况尽可能地实行了优惠：农业银行林权抵押贷款利率原则上不高于人民银行同档次基准利率上浮幅度的20%；农业发展银行林权抵押贷款利率原则上不高于人民银行同档次基准利率上浮幅度的30%；放贷主力军农村信用联社，其贷款利率按基准利率上浮，根据有关贷款规定，最高可以上浮至200%。由于各县（市、区）农信社属不同的法人，各有自主权确定上浮的比例。因此，该市各县（市、区）之间的林权抵押贷款利率也不同。根据我们的了解，大多数为上浮50%。

4.贷款优惠政策

1）市委市政府出台优惠政策。2008年8月，该市出台了《丽水市人民政府关于加快金融业改革发展的若干意见》（丽政发[2008]55号）。文件规定："银行对林权抵押贷款和农村住房抵押贷款等实行优惠利率，利率上浮幅度原则上不超过 50%，市区对利率优惠部分给予 50% 的财政贴息；对低收入农户小额贷款和 2 万元以下的林权抵押贷款执行基准利率，市区给予基准利率 50% 的财政贴息，各县（市）参照执行"。2009 年市委一号文件明确今、明两年，市财政按照林权抵押贷款余额 2% 的比例对金融机构进行奖励。金融机构对林权抵押贷款实行优惠利率；对低收入农户小额贷款和 2 万元以下的林权抵押贷款执行基准利率，各县（市、区）给予基准利率 50% 的财政贴息。各县（市、区）要进一步充实林权抵押贷款担保资本金，市财政、各县（市、区）财政分别按照上年林权抵押贷款余额 1%、5% 的比例逐年提取建立风险补偿资金，切实降低金融机构风险。

2）各县（市、区）相继出台优惠政策。最早出台林权抵押贷款优惠政策的是青田县，2007 年 9 月，该县出台了林权抵押贷款优惠政策及奖励措施，把林权抵押贷款与扶持林业产业发展紧紧地结合起来，对特色林业产业（如油茶改造、毛竹改造）、林工企业贷款县财政给予 30% 的贴息；对低保户、困难户贷款县财政给予全部贴息。对农民 2 万元以下的小额贷款一律按中国人民银行规定的基准利率放贷，基准利率上浮部分由县财政贴息。对为林权抵押贷款作出贡献的银行年终给予一定的奖励。目前，龙泉、云和、缙云、景宁、松阳、莲都出台了林权抵押贷款的优惠政策，但都局限于对小额贷款（2 万～ 5 万元以下）和低收入、贫困户的贴息政策。

5.贷款担保与收费

1）林权抵押贷款的担保。丽水市林权抵押担保贷款主要是通过各县（市、区）成立的森林资源资产收储公司进行，森林资源资产收储公司由政府批准设立的事业性单位（庆元县由营林公司、林业产业公司和国有庆元林场组成，性质为企业），实行"独立核算，自主经营，自负盈亏"。政府以其出资额为限，对中心承担有限责任，中心以其全部资产对公司债务承担责任。

该市除了由林权收储中心为林权抵押贷款提供担保外，庆元县还通过政府牵头，金融部门认同，开展了以专业合作社提供为林权抵押贷款担保业务，合作社担保贷款不仅是林权抵押贷款业务开展的一种创新，也是方便林农，减轻收储公司压力的一种做法。

2）担保收费。丽水市除了庆元县按照财政部《中小企业融资担保机构风险管理暂行办法》的规定："担保机构收取担保费可根据担保项目的风险程度实行浮动费率，为减轻中小企业负担，一般控制在同期银行贷款利率的 50% 以内"；按企业运作实行收费外（收费标准：申请担保额 ×1%）；其余县（市、区）均未收费。

此外，各地也有推行以专业合作组织为主体，由林业企业和林农自愿入会并出资组建的互助性担保组织，或组建林业专业担保公司，提高林业融资能力。

6.抵押物的评估与收费

1）抵押物的评估。丽水市市本级及所辖各县（市、区）共有森林资源调查规划设计所（院、站）11个，根据国家财政部、国家林业局《关于印发森林资源资产评估管理暂行规定的通知》（财企[2006]529号）的规定，对"金额在100万元以下的银行抵押贷款项目，可委托财政部门颁发资产评估资格的机构评估或由林业部门管理的具有丙级以上（含丙级）资质的森林资源调查规划设计、林业科研教学等单位提供评估咨询服务，出具评估咨询报告"。该市林权抵押贷款的森林资源资产评估工作全部由林业部门的调查规划设计所（院、站）承担。

2）评估收费。为深化林权制度改革，推进林权抵押贷款"增量扩面"工作，目前丽水市大部分县（区）未进行收费，龙泉、庆元按贷款额的3.6‰和6‰的标准收费。

12.3.2 甘肃省林权抵押贷款进展

自2011年底甘肃省林权抵押贷款工作全面启动以来，各地制定完善政策，规范操作办法，创新贷款模式，提供便捷服务，推动全省林权抵押贷款取得了重要进展。截至2014年年底，全省13个市州的78个县区开展了林权抵押贷款，累计发放贷款金额达33亿元以上。

在推动集体林权制度综合配套改革的过程中，甘肃省利用各类惠农政策资金，把林权抵押贷款与妇女小额担保贷款、双联惠农贷款、扶贫贷款等相结合，林权抵押贷款覆盖面及规模不断扩大、贷款模式不断创新、贷款期限不断延长。截至2014年年底，全省累计抵押林地面积293.71万亩，发放林权抵押贷款33.04亿元，比上年底增长30%。其中，农户抵押林地面积222万多亩，农户贷款15.41亿元；企业抵押林地面积53万多亩，企业贷款17.07亿元。

根据林权抵押贷款用途统计数据，目前用于林业生产经营的贷款达27.4亿元，占全省贷款金额的84%。其中，林下种植占7.39亿元，造林绿化占6.44亿元，林下养殖占6亿元，其余则分布于种苗花卉、林业基础设施建设、林产品加工销售、生态旅游等方面。此外，用于农户建房、购买农机具等家庭消费的贷款达到5.08亿元，占贷款金额的16%。

林权抵押贷款工作的开展，弥补了林业建设资金的不足，加大了林业信贷投入，有效解决了农民和林业企业缺乏资金的难题。

12.4 森林保险实践案例

12.4.1 "两低一保" 蹚出森林保险路

修水县地处赣西北，县域面积4504km²，其中林地面积508.8万亩，森林覆盖率67.6%，是江西省面积和林地面积最大的县，也是全国一级森林火险区域县。

在 20 世纪 90 年代，修水县财保公司曾开展过林木火灾保险工作。因当时火灾多发、保险公司赔付过多而无利可图，这项工作后被停止。近年来，修水县被列为江西省 26 个林木火灾保险试点县，随着集体林改的全面推进，修水县将建立林木火灾保险制度作为林改的配套措施和加强森林资源保护的重要措施来抓，通过积极开展政策性林木火灾保险试点工作，提高林农抗风险能力，推进森林防火工作。到 2008 年年初，全县有 19.33 万亩森林参加了火灾保险，共收缴保费 19.6 万元。

1. 广泛调研，制订政策标准

县里专门成立林木火灾保险协调领导小组，加强对林木火灾保险试点工作的领导。由县林业局牵头，县财政局、县财保公司等单位有关人员深入国有林场及重点林业乡镇，开展了为期半个月的调研，并多次召开协调会，研究相关问题。在充分调研、听取各方意见的基础上，制订了全县林木火灾保险实施方案。

实施方案明确了林木火灾保险的参保范围和保险金额；林木火灾保险由林农自愿参加；规定全县生态公益林、退耕还林地为主要参保对象，并按国有林场、重点公益林乡镇、造林经营大户和林农投保秩序推进林木火灾保险工作。按照"三个兼顾"和"两低一保"（即兼顾林农缴费能力、兼顾财政补贴能力、兼顾保险公司风险承受能力和低保额、低保费、保成本）的原则，明确参保林地保险金额一律以 200 元 / 亩计算，保险费率按 4‰ 计收，明确了保险期限、赔付标准。在保险期限内，因火灾或火灾施救造成保险林木死亡的直接经济损失，由保险公司负责赔偿。对保期内未发生山火的参保单位，给予奖励。

2. 规范运作，有序推进实施

修水县林木火灾保险试点工作，采取了"政府引导、林农自愿、市场运作"模式。为确保这项工作有序推进，各相关部门明确了职责分工。县林业局加强林木火灾保险政策的宣传、引导，积极做好全县参保林地调查摸底工作，指定防火办、项目办、林权交易中心具体负责参保林地的调查摸底及协调服务等工作，在林业产权交易中心专门设立林木火灾保险服务窗口，为社会提供咨询、投保等服务；县财政局指定农财股具体负责配套资金的筹集等工作；县财保公司承担林木火灾保险业务，派驻业务人员在县林业产权交易中心服务窗口专门服务。县财保公司与林农签订投保协议。一旦发生森林火灾，财保公司按赔付要求在 3 个工作日内支付赔款。

林木火灾保险工作完全按照林农自愿的方式进行。程坊乡是全县最大的公益林乡镇，有国家及省级公益林面积 30 万亩，属程坊库区县级自然保护区范畴，其林权归移民户所有。为确保该乡林农自愿参与，征得全乡外出务工户、移民户的完全同意，县财保公司逐户上门宣传并办理了参保手续。

3. 加强宣传，调动参保积极性

为使林木火灾保险政策深入人心、家喻户晓，修水县开展了"三个一"宣传活动，即：召开一次动员大会，发放一批宣传资料，编排一组文艺节目。召开了由各乡镇分管领导、林业站站长参加的全县林木火险保险宣传动员大会，在黄沙港林场举行了全县林木火灾保险启动仪式。黄沙港林场当场与县财保公司签订了11.1万亩生态公益林火灾保险投保合约，成为九江市政策性林木火灾保险的第一单。县里出动宣传车到各乡镇林场巡回宣传林木火灾保险，共散发传单3.5万份，在电视台作专题报道；编排了一台宣传林木火灾保险的文艺节目，分别到各林区乡镇巡回演出10余场（次）。

广泛的宣传收到了良好效果。一位叫保盛富的退休老干部，2008年12月在义宁镇桃里村购置80亩山地，办理好林权证后，立即投保了林火保险。江西久木木业有限公司在上奉、复原等乡镇购买山林4233亩，2009年计划再买3000亩，将全部参保。2008年，全县公益林、退耕还林地均全部参保。

12.4.2 森林保险保费补贴山西省敲定试点方案

山西省制定了《山西省森林保险保费补贴试点实施方案》，并将逐步建立政策性森林保险保障体系。

森林保险标的为生长和管理正常的生态公益林和商品林。生态公益林，指的是不包含商品林在内的林地、特种灌木林地、未成林造林地。有以下情形的生态公益林，暂不纳入参保范围：存在纠纷的，包括权属不清、四至不明、债权债务未清理的；林地性质与本办法中所规定参保生态公益林不一致的；其他不符合参保条件的。保险期限为一年，保险金额根据林木再植成本确定，生态公益林每亩平均600元，保险费率为3‰。

森林保险责任为森林综合保险，在保险期间内，由于火灾、病虫害、暴风、暴雨、暴雪、洪水、泥石流、冰雹、霜冻等原因直接造成保险林木流失、掩埋、主干折断、倒伏死亡或损失的，保险公司按照森林保险合同的约定负责赔偿。据介绍，保险期内发生保险责任内事故致林木严重被毁，为全部损失，全额赔偿；林木部分被毁，为部分损失，根据损失程度按比例赔偿。保险林木发生保险责任范围内的损失，保险人按以下方式计算赔偿：赔偿金额＝每亩保险金额×受损面积×损失程度。

12.5 法律咨询服务案例

12.5.1 调处林权纠纷要把农民的利益放在首位

在林改启动之初,吉林省抚松县抚松镇的林权纠纷情况错综复杂:抚松镇与地方国有林场存在林权争议的村有 6 个,争议地块共 32 块,面积 895 亩;与森工局未解决争议林地 25 块,面积 1176 亩;内部各种合同纠纷 28 份,面积 7936 亩。如何化解这些矛盾和纠纷?抚松镇在林改中总结出了自己的一套"三部曲":或由各级政府出面协调,或组织双方协商,或移交司法程序。事实上,无论采取哪种方式,都遵循着这样一条原则:要为百姓做主,服务于民,让利于民。

1.在调处国有林场与农民间的利益矛盾时,要多为农民着想

针对村有集体林与地方国有林之间的林权争议,抚松镇首先加大了政府调处力度,先后 3 次召开了有县政府领导、争议双方相关人员、乡镇主管领导等参加的林权争议调处会议。林权争议调处会上,争议双方现场陈述各自理由,只要能够提供充分证据的,如当年造林人员签字证明、造林合同、农业区划图、土地利用现状记录簿、土地台账、当年参加各种林事活动的人员证明等,经与会人员充分协商讨论,由领导进行裁决,再经过林改办工作人员现场核实无误后,将林地移交给有理的一方。通过这种调处办法,抚松镇 6 个村与 2 个地方国有林场存在的 32 块有争议的林地,已经全部解决,农民利益得到维护,他们十分满意。与森工局有争议的 25 块林地,在与森工局积极对接、查询相关证明材料的基础上,现正在积极解决之中。

2.在调处干部与群众间的利益矛盾时,要倾向于群众

经过以往多次的改革及不规范的林地、林木流转活动,出现了许多林权合同纠纷,在此次林改实践中,抚松镇采取了以协商为主的调处办法,着力维护群众利益,很好地解决了多起合同纠纷,收到了较好的社会效果。太安村 2007 年在没有召开村民大会或村民代表大会的情况下,分别与村支书和一名外村人员签订了两份造林承包管护合同,面积 440 亩,村民不认可。经过县林改办和镇林改办做工作,村支书说服合伙人退出承包,林地由村民参加林改,村民同意对承包人的苗木费、造林费及管护费进行补偿。荒沟门村村民段福臻 1999 年退耕还林设计面积 88 亩,当年验收造林成活率没有达到要求,没签订合同;2006 年村里老支书去世新支书上任。他私自给段福臻这个合同上盖了公章,合同有四至,无面积,按四至算承包面积 500 多亩。经过调查,这个合同是无效合同,予以废除。经与造林承包者及村民协商,将已经造林的 88 亩予以确认,其余面积归村集体由村民参加林改。

3.发现违法行为时，要为老百姓做主

林改合同纷繁复杂，对于经过协商仍然解决不了的合同纠纷只能通过司法程序来解决。2000年1月18日，马鹿村村委会在未召开村民大会或村民代表大会的情况下，将集体林地4321亩承包给10户村班子成员及其亲属，这10份承包合同村民不认可。县领导对此非常重视，在抚松镇召开了解决马鹿村村民上访问题协调会，成立了解决马鹿村合同纠纷领导小组，对这10份合同的签订情况进行了认真细致的查证。经调查研究，对承包人赵怀有承包的林地，由抚松县农村土地承包仲裁委员会作出无效合同的裁决，该承包人不服，诉讼到县法院，经抚松县人民法院审理，依法驳回了其诉讼请求。目前，抚松镇还有一宗林权合同纠纷案件正在县法院审理中。

调处林权纠纷事关林改全局的成败，抚松镇的经验证明：无论是调处村集体和国有林场之间的林权矛盾，还是解决干部与农民群众之间的林权纠纷，都要在尊重历史、尊重事实的基础上，本着服务于民、让利于民的宗旨，把矛盾纠纷解决在基层，化解在萌芽状态，这样才能为推进集体林权制度改革和农村经济社会发展创造和谐稳定的氛围。

12.5.2 推进生态补偿，维护农民利益

灵石县是山西省确定的林改试点县之一。县委、县政府结合实际，把建立和完善生态公益林补偿机制作为巩固林改成果的重要举措，在全省率先建立了县级森林生态效益补偿机制，全县集体林地77.87万亩，其中生态公益林44.31万亩，已确权集体生态公益林22万亩，受益农户2.9万户。

1.因地制宜，创新机制，建立森林生态效益补偿基金制度

灵石县位于晋中盆地南端，境内地势复杂，森林植被稀疏，煤炭等地下资源的大量开采，造成生态不断恶化。县委、县政府立足于县域经济社会基础，在多层次、全方位调研的基础上，顺应全面、协调、可持续发展的要求，于2008年作出了"将县域主要河流、国省道两侧等重点防护区域的水源涵养林、生态景观林以及特种用途林纳入公益林管理并实施生态补偿"的重大决策。按照"谁开发谁保护、谁受益谁补偿"的原则，明确规定"从煤炭企业可持续发展基金中提取补偿资金，对县域集体生态公益林每年每亩给予补助10元，今后随着县域经济的发展，逐步提高生态公益林补偿标准"，建立了森林生态效益补偿机制，迈出了对集体生态公益进行补偿的第一步。

2.把握政策，严格标准，划定县级公益林生态效益补偿范围

灵石县准确把握政策内涵，严格执行国家、省有关界定标准，在坚持生态效益优先的前提下，遵循生态优先、确保重点，因地制宜、因害设防。集中连片、合理布局，生态效益、经

济效益、社会效益兼顾的原则；遵循尊重林权所有者和经营者的自主权。维护林权稳定性的原则，严格划定生态公益林。在区划范围上优先选择道路、河流两侧重点防护区的景观生态林和一些水土易于流失、生态环境脆弱的山区和瘠薄山地作为重点补偿区域。全县公益林划定境内主要河流两岸垂直距离为 3km 以内的林地 13.1 万亩；韩信岭自然保护区、石膏山森林公园、翠峰山森林公园及王家大院周边林地 12.8 万亩；国道、省道、铁路沿线林带和荒山造林、县城"三山"环城绿化林地 11.2 万亩；以提供森林生态效益和社会公益产品为主要经营目的的重点防护林和特种用途林 2.6 万亩；以乡镇为单位，沟壑密度 1km/km^2 以上、沟蚀面积 15% 以上或土壤侵蚀强度为平均蚀模数 5000t/（年·km^2）以上地区的林地 4.61 万亩。据此，全县共区划界定生态公益林 44.31 万亩。

3.明确责任，补偿兑现，实现农民增收和生态保护"双赢"目标

在落实生态公益林补偿中，灵石县把补偿和管护放在同等重要的位置，严格资金兑现，明确管护责任。一是严格认定程序。组织人员按照国家的有关法律、技术规程和政策规定进行现场界定，与农户现场签订界定书和生态公益林管护责任合同。全县已签订管护合同 2.9 万份，管护面积 22 万亩。二是严格验收兑现。按照补偿资金发放程序验收审核，统一造册，直补到户。县财政每年拿出 443.1 万元用于生态公益林补偿，涉及农户户均受益 124 元。三是制订优惠政策。与国家、省、市划定的重点公益林重叠的县级公益林，补偿资金累计发放，并出台了优惠政策，加大对生态公益林建设的扶持力度。在公益林林地的流转上"开绿灯"，促进林地合法流转、规模化经营，吸引越来越多农民和社会各界投身林业生态建设。四是加大建设管理力度。对公益林区域内荒山荒地、火烧迹地等宜林地的封、造、补、抚、管进行分类指导。加快植被恢复。通过森林防火宣传牌、开设防火通道、组建专业和群众联防联治队伍等，建立完善的"三防"体系。确保森林资源安全。今年县财政出资近 200 万元安装了森林防火远程监控系统，基本覆盖了重点生态公益林区域。

灵石县集体生态公益林补偿机制的启动实施，立足于标本兼治，使农民得到了实惠，对于促进地方公益林管护体系的完善和加快生态环境的修复起到了积极作用。

12.6 森林采伐服务案例

12.6.1 四川省兴文县四举措抓实集体林采伐管理

为进一步推进兴文县集体林采伐改革，巩固集体林权改革制度成果，创新林业管理机制，促进森林资源科学经营合理利用，促进森林可持续经营，确保林农创收增收，兴文县林业局采取四项举措抓实集体林采伐管理。

一是制订实施方案，科学管理。根据省市相关文件要求，结合兴文县实际，快速推进集体林采伐管理，县林业局制定了《关于进一步改革和完善集体林采伐管理实施办法》，在新形势，新政策下，科学有效的管理集体林采伐。

二是简化审批程序，提高效率。在林木采伐管理中，简化审批程序，实行林木分类采伐审批，缩短了审批时间，在规定的面积和蓄积范围内，实施采伐审批权限下放，更好的方便群众。

三是放宽竹林经营，监督管理。全县竹林暂不实行限额采伐和凭证采伐，对竹子和竹材暂不实行凭证运输，涉及自然保护区，省级以上森林公园和省级以上风景名胜区范围的采伐管理执行相关法律法规和政策规定。

四是改进监管方式，自主管理。林权所有人和经营者是伐区采伐作业和迹地更新的责任主体，集体林采伐以经营者自主管理、自我约束为主，林业部门不再实行伐前拨交、伐中检查和伐后验收等现场监管方式，设立采伐监督举报电话，严肃查处违法采伐和运输木材案件。

12.6.2 四川乐山市六措施加快集体林采伐管理改革

为了确保集体林采伐管理改革的顺利实施，进一步改革和完善集体林采伐管理，日前，四川省乐山市林业局采取 6 项措施。

一是完善采伐指标分配，简化采伐限额管理程序。将各编限单位 5 年期年森林采伐限额一次性下达到县（市、区），不再按年度逐年下达，市局只对采伐限额指标作为统一控制指标。

二是简化林木采伐审批手续。进一步简化林木采伐申请和审批程序，林权所有者携林木权属证明等相关材料直接向所在地县级林业主管部门或乡镇政府依法办理采伐证，切实解决林农反映的"办证难"问题。

三是推行简便易行的伐区设计。林农个人申请采伐，可自行或委托他人根据申办林木采伐许可证的基本要求进行伐区简易调查设计，填写简易调查设计表；一次性采伐蓄积 $5m^3$ 以下或者采伐面积在 0.1 公顷以下的，免于作业设计。

四是改进采伐作业的监管方式。集体林木采伐作业以经营者自主管理、自主约束为主，不再统一实行伐前拨交、伐中检查和伐后验收等现场监管方式。

五是放宽竹林经营利用的监督管理。全市竹林（含国有）暂不实行限额采伐和凭证采伐（不包括竹林中的树木）管理，对竹子和竹材暂不实行凭证运输。

六是规范木材运输检查监管行为。将进一步优化木材检查站布局，规范执法检查行为，为落实集体林采伐管理改革有关政策创造良好的环境和氛围。

主要参考文献

[1] 《中国集体林产权制度改革相关政策问题研究》课题组. 中国集体林产权制度改革相关政策问题研究调研报告 [M]. 北京：经济科学出版社，2012.

[2] 包晶. 我国集体林权流转法律制度研究——以林农权益保护为视角 [D]. 济南：山东师范大学，2010.

[3] 蔡志坚. 农村社会化服务：供给与需求 [M]. 北京：中国林业出版社，2010.

[4] 曹薇. 林业投融资渠道研究 [D]. 哈尔滨：东北林业大学，2006.

[5] 曾玉林，宋维明，徐燕飞. 林业社会化发展研究 [J]. 北京林业大学学报（社会科学版），2005（12）：28-33.

[6] 曾玉林. 中国林业社会化：趋势、机理与制度创新 [M]. 北京：知识产权出版社，2007.

[7] 陈玲芳. 我国森林保险发展的现状、与对策研究 [J]. 福建农林大学学报（哲学社会科学版），2005（4）：38-41.

[8] 范德林. 集体林权制度改革与林业投融资创新途径 [J]. 东北林业大学学报，2009，37（8）:275-276.

[9] 户林，黄苑. 几种森林保险形式 [J]. 森林防火，1986（4）.

[10] 黄丽萍. 农民林业专业合作经济组织发展研究 [M]. 厦门：厦门大学出版社，2012.

[11] 孔凡斌，杜丽. 集体林权制度改革中的林权流转及规范问题研究 [J]. 林业经济问题，2008，28（5）：377-384.

[12] 李秋娟，靳爱鲜，张玉珍，等. 中国现行森林资源采伐管理体系及其改革策略 [J]. 中国软科学，2009（9）：9-14.

[13] 李阳，曹玉昆. 林业中介组织的界定研究 [J]. 农场经济管理，2009（5）:44-46.

[14] 李阳. 林业中介组织现状及发展对策研究 [J]. 今日科苑，2008（10）：38-38.

[15] 李允尧. 不同理论视角下的中介组织 [J]. 五邑大学学报（社会科学版），2005（1）：75-78.

[16] 刘红. 关于推进我国林木良种化进程的思考 [J]. 国家林业局管理干部学院学报，2010，9（7）：41-47.

[17] 骆文坚 . 我国绿化苗木业发展现状及市场前景分析 [J]. 林业科技开发,2003,17（4）:
17-19.

[18] 秦邦凯 . 基于农户需求的林业社会化服务体系研究——以浙江省为例 [D]. 杭州 : 浙
江农林大学，2012.

[19] 王宏伟，霍振彬，赵建平 . 对《森林资源资产评估技术规范》中若干问题的探讨 [J].
林业资源管理，2009（1）:31-34.

[20] 王华丽，陈建成 . 我国森林保险再保险模式选择与实施 [J]. 林业经济，2011（12）:
35-38.

[21] 肖靓 . 林权融资为农民增收添翼 [J]. 绿色中国，2010（5）: 86-87.

[22] 肖易儒，周训芳 . 林权纠纷的解决方式探析 [J]. 中南林业科技大学学报（社会科学
版），2009,3（2）:58-61.

[23] 许向阳，聂影，张建华 . 政府在林业合作组织发展中角色定位的研究 [J]. 林业经济，
2007（2）:52-55.

[24] 杨贵成 . 浅谈林业苗木良种选育工作 [J]. 绿色科技，2015（3）: 78-79.

[25] 展洪德 . 浅析我国林权流转方式存在的问题及法律对策 [J]. 法学杂志，2011（1）:
45-48.

[26] 张兰花，杨建州，江家灿 . 林业融资问题国内研究的文献综述 [J]. 绿色财会，2008
（9）: 15-19.

[27] 张庆祥 . 国外抚育伐的种类与方法简述 [J]. Forest Investigation Design，2013（2）: 18.

[28] 张长达 . 完善我国政策性森林保险制度研究 [D]. 北京 : 北京林业大学，2012.

[29] 朱冬亮，程玥 . 新集体林权制度改革中的林权纠纷及原因分析 [J]. 甘肃行政学院学
报，2009（3）: 4-16.